站在巨人的肩上
Standing on Shoulders of Giants

TURING
图灵教育

iTuring.cn

U0195710

站在巨人的肩上
Standing on Shoulders of Giants

iTuring.cn

TURING 图灵程序设计丛书

[美] Willi Richert　Luis Pedro Coelho　著　刘峰 译

机器学习系统设计

Building Machine Learning
Systems with Python

人民邮电出版社
北　京

图书在版编目（CIP）数据

机器学习系统设计 / （美）里彻特（Richert, W.），
（美）科埃略（Coelho, L. P.）著；刘峰 译. -- 北京：
人民邮电出版社，2014.7
（图灵程序设计丛书）
ISBN 978-7-115-35682-6

Ⅰ. ①机… Ⅱ. ①里… ②科… ③刘… Ⅲ. ①机器学
习－系统设计 Ⅳ. ①TP181

中国版本图书馆CIP数据核字(2014)第104264号

内 容 提 要

本书是实用的 Python 机器学习教程，结合大量案例，介绍了机器学习的各方面知识。本书不仅告诉你"怎么做"，还会分析"为什么"，力求帮助读者掌握多种多样的机器学习 Python 库，学习构建基于 Python 的机器学习系统，并亲身实践和体验机器学习系统的功能。

本书适合需要机器学习技术的 Python 开发人员、计算机科学研究人员、数据科学家、人工智能程序员，以及统计程序员阅读参考。

◆ 著　　[美] Willi Richert　Luis Pedro Coelho
　　译　　　　刘　峰
　　责任编辑　李松峰　毛倩倩
　　执行编辑　姜力心
　　责任印制　焦志炜
◆ 人民邮电出版社出版发行　　北京市丰台区成寿寺路11号
　　邮编　100164　电子邮件　315@ptpress.com.cn
　　网址　http://www.ptpress.com.cn
　　北京鑫正大印刷有限公司印刷
◆ 开本：800×1000　1/16
　　印张：14
　　字数：334千字　　　　　　　2014年7月第 1 版
　　印数：1 – 4 000册　　　　　2014年7月北京第 1 次印刷
　　著作权合同登记号　图字：01-2013-6322号

定价：49.00元
读者服务热线：(010)51095186转600　印装质量热线：(010)81055316
反盗版热线：(010)81055315
广告经营许可证：京崇工商广字第 0021 号

版 权 声 明

译 者 序

在眼花缭乱的互联网产品背后，你会发现总有一些东西在沙子下面闪闪发光，它们本身并不是产品，却能把令人惊艳的产品带到你我面前。机器学习技术就是这样一种宝贝。

如果在十年前，你不知道机器学习，那么可以理解，因为它还是一个科研实验室的玩具；如果在十年后的今天，作为IT从业人员的你，还没有听说过机器学习，那么你真是"奥特曼"了。

对于产品来说，机器学习技术的应用，可以给产品带来质的飞跃，提高产品的核心竞争力；对于IT从业人员来说，机器学习技术已经成为了一种必备的技能，掌握了它，可以在各大IT公司游刃有余，个人价值徒增。

《机器学习系统设计》就是一本带你在机器学习海洋中遨游的书。如果你只想学习基础理论，那么这本书或许并不适合你。它并没有深入机器学习背后的数学细节，而是通过Python这样一种广泛应用的脚本语言，从数据处理，到特征工程，再到模型选择，把机器学习解决实际问题的过程一一呈现在你的面前。这本书的最大特点在于：易上手、实践性强、贴近应用。它可以让你在很短的时间内了解机器学习的基本原理，掌握机器学习工具，然后去解决实际问题。从文字、声音到图像，从主题模型、情感分析到推荐技术，本书所教给你的都是最实际的技术，让你从一个新手迅速成长为大咖。

鉴于译者水平有限，书中难免有错误疏漏之处，欢迎读者批评指正。微博：@飞旋的世界。电子邮箱：gnefuil@gmail.com。

作者致谢

　　感谢我的妻子Natalie和我儿子Linus及Moritz，没有家人的支持，本书将不会写就。感谢我的现任及前任经理Andras Bode、Clemens Marschner、Hongyan Zhou和Eric Crestan，感谢他们与我进行富有成效的讨论。感谢我的同事和朋友Tomasz Marchniak、Cristian Eigel、Oliver Niehoerster和Philipp Adelt，本书很多有趣的想法大都来自于他们。如果你发现本书中的错误，记得联系我，它们都归咎于我。

——Willi Richert

　　我要感谢我妻子Rita的爱心和支持，还要感谢我的女儿Anna，她是我生命中最美好的存在。

——Luis Pedro Coelho

关于审校者

Matthieu Brucher在法国高等电力学院读取了工程学学位（专业是信息、信号、测量），并获得了法国斯特拉斯堡大学非监督流形学习方向的博士学位。他目前在一家石油公司担任高性能计算（HPC）软件开发员，正致力于下一代油藏模拟软件的开发。

Mike Driscoll从2006年春季开始从事Python编程，经常在博客 http://www.blog.pythonlibrary.org/上发表关于Python的文章，偶尔也为Python软件基金会、i-Programmer和开发者论坛(Developer Zone) 撰写文章。他喜爱摄影和阅读。Mike曾多次参与Packt图书的审校工作，这些图书包括：*Python 3 Object Oriented Programming*、*Python 2.6 Graphics Cookbook*和*Python Web Development Beginner's Guide*。

> 我要感谢我的妻子Evangeline，感谢她一直以来无尽的支持。我也要感谢我的朋友及家人，感谢他们对我的帮助。感谢耶稣对我的拯救。

Maurice HT Ling在墨尔本大学获得了分子与细胞生物学学士学位（优等），以及生物信息学博士学位。他目前在新加坡南洋理工大学担任研究员，同时还是墨尔本大学的荣誉研究员。他是 *The Python Papers Anthology*的联合主编，也是新加坡Python用户组的联合创始人（自2010年起担任副主席一职）。他的研究兴趣在于生命——生物生命、人工生命以及人工智能——将计算机科学和统计学作为工具来理解生命以及它的诸多方面。个人网站：http://maurice.vodien.com。

前　言

如果你手里（或者你的电子阅读器里）有这本书，可以说，这是一个幸运的巧合。毕竟，每年有几百万册图书印刷出来，供数百万读者阅读，而你恰好选择了这一本。可以说，正是机器学习算法引领你来阅读这本书（或者说是把这本书引领到你面前）。而我们作为本书的作者，很高兴看到你愿意了解更多的"怎么做"和"为什么"。

本书大部分内容都将涉及"怎么做"。例如，怎么处理数据才能让机器学习算法最大限度地利用它们？怎么选择正确的算法来解决手头的问题？

我们偶尔也会涉及"为什么"。例如，为什么正确评估很重要？为什么在特定情形下一个算法比另一个算法的效果更好？

我们知道，要成为该领域的专家还有很多知识要学。毕竟，本书只介绍了一些"怎么做"和极小一部分"为什么"。但在最后，我们希望这些内容可以帮你"启航"，然后快速前行。

本书内容

第1章通过一个非常简单的例子介绍机器学习的基本概念。尽管很简单，但也可能会有过拟合的风险，这对我们提出了挑战。

第2章讲解了使用真实数据解决分类问题的方法，在这里我们对计算机进行训练，使它能够区分不同类型的花朵。

第3章讲解了词袋方法的威力，我们可以在没有真正理解帖子内容的情况下，用它来寻找相似的帖子。

第4章让我们超越将每个帖子分配给单个簇的方式。由于真实的文本可以处理多个主题，我们可以看到如何把帖子分配到几个主题上。

第5章讲解了如何用逻辑回归判定用户的答案是好还是坏。在这个情景的背后，我们将学会用偏差–方差的折中调试机器学习模型。

第6章介绍了朴素贝叶斯的工作原理，以及如何用它对推文进行分类，来判断推文中的情感是正面的还是负面的。

第7章讨论了一个处理数据的经典课题，但它在今天仍然有意义。我们用它构建了一个推荐系统，这个系统根据用户所输入的喜欢和不喜欢的信息，为用户推荐新的商品。

第8章同时使用多种方法改进推荐效果。我们还可以看到如何只根据购物信息构建推荐系统，而不需要用户的评分数据（用户并不总会提供这一信息）。

第9章举例说明，如果有人把我们收集而成的庞大音乐库弄乱了，那么为歌曲建立次序的唯一希望就是让机器来对歌曲分类。你会发现，有时信任别人的专长比我们自己构建特征更好。

第10章讲解了如何在处理图像这个特定情景下应用分类方法。这个领域又叫做模式识别。

第11章告诉我们还有其他什么方法可以帮我们精简数据，使机器学习算法能够处理它们。

第12章讲解了不断膨胀的数据规模，以及这为何会为数据分析造成难题。在本章中，我们利用多核或计算集群，探索了一些更大规模数据的处理方法。另外，我们还介绍了云计算（将亚马逊的Web服务当做云计算提供商）。

附录A罗列了一系列机器学习的优质资源。

阅读需知

本书假定读者了解Python，并且知道如何利用easy_install或pip安装库文件。我们并不依赖于任何高等数学知识，如微积分或矩阵代数。

总体而言，本书将使用以下版本的软件，不过如果你使用任何新近版本，也没有问题。

- ❏ Python 2.7
- ❏ NumPy 1.6.2
- ❏ SciPy 0.11
- ❏ Scikit-learn 0.13

读者对象

本书适合想通过开源库来学习机器学习的Python程序员阅读参考。我们会通过示例概述机器学习的基本模式。

本书也适用于想用Python构建机器学习系统的初学者。Python是一个能够快速构建原型系统的灵活语言，它背后的算法都是由优化过的C或C++编写而成。因此，它的代码运行快捷，并且十分稳健，完全可以用在实际产品中。

排版约定

当你阅读本书时，会发现书中有各式各样的文本，它们用来区分不同类型的信息。下面是这些样式文本的示例以及相应说明。

正文中的代码是这样的：“我们可以通过使用include命令将其他内容包含进来。”

代码段采用如下形式：

```
def nn_movie(movie_likeness, reviews, uid, mid):
    likes = movie_likeness[mid].argsort()
  # 逆序排列，使最受喜爱的电影排在前面
    likes = likes[::-1]
  # 返回最相似电影的打分
    for ell in likes:
        if reviews[u,ell] > 0:
            return reviews[u,ell]
```

如果我们想让你注意代码段的特定部分，就会用粗体表示相应代码行或条目：

```
def nn_movie(movie_likeness, reviews, uid, mid):
    likes = movie_likeness[mid].argsort()
  # 逆序排列，使最受喜爱的电影排在前面
    likes = likes[::-1]
  # 返回最相似电影的打分
    for ell in likes:
        if reviews[u,ell] > 0:
            return reviews[u,ell]
```

新的术语以及重要文字采用楷体字。你在屏幕（如菜单或者对话框）中见到的文字这样出现在正文中：“点击Next按钮以进入下一界面。”

这里给出重要的注意事项。

提示和技巧则会在这里出现。

读者反馈

我们一贯欢迎读者的反馈意见。请告诉我们你对本书的看法，喜欢哪些部分，不喜欢哪些部分。这些反馈对于协助我们创作出真正对读者有所裨益的内容至关重要。

如果给我们反馈一般性信息，你可以发送电子邮件到feedback@packtpub.com，并在邮件标题中注明书名。如果你是某一方面的专家并愿意参与撰稿，请访问www.packtpub.com/authors参阅我们的作者指南。

客户支持

现在你已经拥有了某本由Packt出版的书，为了让你的付出得到最大的回报，我们还为你提供了其他许多方面的服务，请注意以下信息。

下载代码

如果你是通过http://www.packtpub.com的注册账户购买的图书，可以从该账户中下载相应Packt图书的示例代码①。如果你是从其他地方购买的本书，可以访问http://www.packtpub.com/support并进行注册，我们将会为你发送一封附有示例代码文件的电子邮件。

勘误

虽然我们会全力确保本书内容的准确性,但错误仍在所难免。如果你发现了本书中的错误(包括文字和代码错误),而且愿意向我们提交这些错误，我们感激不尽。这样一来，不仅可以减少其他读者的疑虑，也有助于改进本书后续版本。要提交你发现的错误，请访问http://www.packtpub.com/submit-errata，选择相应图书，点击errata submission form(提交勘误表②)，登记你的勘误详情。勘误通过验证之后将上传到Packt网站，或添加到已有的勘误列表中。任何图书当前的勘误都可以通过http://www.packtpub.com/support来查看。

举报盗版

对所有媒体来说，互联网盗版都是一个棘手的问题。Packt很重视版权保护。如果你在互联网上发现我们公司出版物的任何非法复制品，请及时告知我们相关网址或网站名称，以便我们采取补救措施。

如果发现可疑盗版材料，请通过copyright@packtpub.com联系我们。

对你帮助我们保护作者权益、确保我们持续提供高品质图书的行为表示敬意。

疑难解答

如果你就本书存有疑问，请发送电子邮件到questions@packtpub.com，我们会尽力解决。

---

① 读者还可免费注册iTuring.cn，至本书页面下载。——编者注
② 中文版的勘误请注册iTuring.cn，至本书页面提交。——编者注

目　　录

第1章
Python机器学习入门

机器学习（ML）就是教机器自己来完成任务，就这么简单。复杂性源于细节，而这很可能就是你要读这本书的原因。

也许你现在拥有过多的数据，却对这些数据缺少理解，你希望机器学习算法可以帮助解决这个难题。于是你随机找了一些算法开始钻研，但过了一段时间就感到困惑了：在无数的算法中应该选择哪一个呢？

或许你笼统地对机器学习感兴趣，也阅读过相关的博客和文章。机器学习中的任何东西看起来都那么不可思议、那么酷，所以你开始进行探索，把一些简单的数据放入一个决策树或者一个支持向量机。但是，成功将它应用到一些其他数据之后，你又心生疑惑：所有的设置都正确吗？你得到最优的结果了吗？怎么知道有没有更好的算法？或者，你的数据是否就是"正确的"？

欢迎加入机器学习的行列！我们作为本书的作者，也曾处在这个阶段，寻找过机器学习理论教材背后的真实故事。我们发现，很多东西都是标准教材中通常不会讲到的"魔术"。所以，从某种意义上说，我们在把这本书写给年轻的自己。它不仅是机器学习的快速入门书，而且还会把我们积累的经验教训传授给你。我们希望它还可以让你更顺畅地走进计算机科学中最令人兴奋的一个领域。

1.1 梦之队：机器学习与 Python

机器学习的目标就是通过若干示例（怎样做或不做一个任务）让机器（软件）学会完成任务。假设每天早上当你打开电脑，都会做同样的事情：移动电子邮件，把属于某一特定主题的邮件放入同一个文件夹。过了一段时间，你感到厌烦了，开始琢磨是否可以让这种琐事自动完成。一种方法是分析你的大脑，将整理电子邮件时大脑思考过程中的规则记录下来。然而，这种方式相当麻烦，而且总不完美。你会漏掉一些规则，同时又会对另一些规则细致过头。另一种更好的、更加面向未来的方法是将这个过程自动化，即选择一组电子邮件元数据信息和邮件正文/文件夹名对，让算法据此选出最好的规则集。这些数据对就是你的训练数据，而生成的规则集（也叫做模型）以后能够应用到新的电子邮件上。这就是最简单的机器学习。

当然，机器学习（也常称作数据挖掘或预测分析）本身并不是一个全新的领域。正相反，它这些年来的成功可以归因于务实地采用了已经验证了的坚实技术，以及借鉴其他成功领域的真知灼见，例如统计学。统计学的目的是通过学习更多的潜在模式和关联关系，来帮助人类深入理解数据。对机器学习的成功应用了解得越多（你已经查看过kaggle.com了吧？），越会发现应用统计学是机器学习专家经常研究的一个领域。

本书后面将会介绍，构想出一个合适的机器学习（ML）方法，从来都不是一个瀑布式的过程。相反，你需要反复分析，在各色各样的机器学习算法中尝试不同版本的输入数据。这种探索方式非常适合Python。作为一门解释性高级编程语言，Python似乎就是专为尝试不同事物而设计的。更重要的是，用它进行这些尝试非常迅捷。无疑，它比C语言或其他类似的静态类型编程语言要慢一点。然而，它有着大量易用的库，而这些库往往是用C语言编写的，因此你不必为了敏捷性而牺牲速度。

1.2　这本书将教给你什么（以及不会教什么）

本书将全面展示不同应用领域正在使用的各种机器学习算法，以及使用它们时应当注意什么。然而，根据亲身经验，我们知道做这些很"酷"的事——使用和调整机器学习算法，比如支持向量机（SVM）、最邻近搜索（NNS），或者同时支持两者——其实只需要耗费一位优秀机器学习专家的一点儿时间。看看下面这个典型的工作流程，你就会发现绝大部分时间将花费在一些相当平凡的任务上：

(1) 读取和清洗数据；
(2) 探索和理解输入数据；
(3) 分析如何最好地将数据呈现给学习算法；
(4) 选择正确的模型和学习算法；
(5) 正确地评估性能。

在探索和理解输入数据的时候，我们需要一点统计学和基础数学知识。但当这样做的时候，你会发现，这些数学课上似乎十分枯燥的知识，用来处理有趣的数据时，其实真的很令人兴奋。

解读数据标志着旅程的开始。你面对诸如无效值或缺失值的问题时，会发现这更像是一种技艺而非一门精确的科学。这是一种非常有益的技艺，因为如果这部分做得正确，那么你的数据就能够适应更多的机器学习算法，从而成功的可能性大大提高。

数据在程序的数据结构中就绪之后，你要清楚自己正在跟何方神圣打交道。你有足够的数据来回答自己的问题吗？如果没有，也许应当考虑通过额外的途径来获取一些。或许你的数据过多？那么你可能要考虑怎样最有效地从中抽取样本。

你通常不会直接将数据输入机器学习算法，而是在训练前对部分数据进行提炼。很多时候，使用机器学习算法会让你得到性能提升的回报。一个简单算法在提炼后数据上的表现，甚至能够超过一个非常复杂的算法在原始数据上的效果。这部分机器学习流程叫做特征工程（feature engineering），通常是一个非常令人兴奋的有意思的挑战。你有创意和智慧，便会立即看到结果。

选择正确的学习算法并不只是尝试一下工具箱中的三四个算法那么简单（工具箱中会有很多的算法）。它更需要的是深思熟虑，来权衡性能和功能的不同需求。你是否会为了快速得到结果而牺牲质量，还是愿意投入更多的时间来得到最好的结果？你是否对未来的数据有一个清晰的认识，还是应该在这方面更保守一点？

最后，性能评估是怀有远大抱负的机器学习初学者最常犯错误的地方。有一些简单的错误，比如使用了与训练相同的数据来测试你的方法。但还有一些比较难的，例如，你使用了不平衡的训练数据。再说一次，数据决定了你的任务是成功还是失败。

我们看到，只有第(4)点是关于那些花哨的算法的。虽然如此，希望这本书可以使你相信，另外4个任务并不是简单的杂务，它们同等重要，或许还更加令人兴奋。我们希望读过本书之后，你可以真正爱上数据，而非学到的算法。

最后，我们并不想让机器学习算法的理论把你压垮，因为这方面已经有很多优秀的著作了（可以在附录A中找到我们的推荐）。相反，我们会在各节中直观地介绍各种基础方法——这对于你大致理解其中的思想已经足够了，并且能够确保你走好第一步。因此，这本书并不是机器学习"权威指南"，而更像是初学者的工具。我们希望它能够激发你的好奇心，并足以让你保持渴望，不断探索这个有趣的领域。

在本章的余下部分，我们将着手介绍Python的基础库NumPy和SciPy，并且使用Scikit-learn进行第一个机器学习训练。同时我们将介绍基本的ML概念，它们稍后将贯穿于全书。本书余下的各章会详细讲述之前介绍的5个步骤，同时突出介绍使用Python的机器学习方法在各种应用场景中的不同方面。

1.3 遇到困难的时候怎么办

本书中，我们会试图讲清楚每一个必要的想法，保证你能重现各个步骤。虽然如此，你仍然可能会遇到困难。其原因可能是软件包版本的古怪组合，可能是简单的拼写错误，也可能是理解上的问题。

在这种情况下，可以通过很多不同的途径来获取帮助。很有可能，你想问的问题早已有人提出，而且下面这些优质的问答网站已经给出了答案。

❑ http://metaoptimize.com/qa

这个问答网站专注于机器学习主题。几乎所有的问题都会得到机器学习专家的高水平解答。即使你并没有问题，不时地翻阅这些问答也是一个很好的习惯。

❑ http://stats.stackexchange.com

这个问答网站又叫交叉验证（Cross Validated），和MetaOptimized相似，但它更专注于统计方面的问题。

❑ http://stackoverflow.com

这个问答网站与前面的相似，但还会更宽泛地讨论一些常规的编程主题。例如，一些软件包的问题，这些我们也会在本书中提到（SciPy和Matplotlib）。

❑ Freenode的#machinelearning频道

这个互联网中转聊天（IRC）频道专门讨论机器学习主题。这是个机器学习方面的专业社区，虽然很小，但是非常活跃，十分有用。

❑ http://www.TwoToReal.com

这是由本书作者制作的一个即时问答网站，来为你解答不适于上述任何网站的问题。如果你提交了一个问题，我们将会收到一条即时消息；只要我们当中有人在线，就会与你交谈解决。

正如一开始所述，本书试图帮助你快速开始机器学习之旅。因此，我们鼓励你构建自己的机器学习相关博客的列表，并且定期查阅。这是去了解什么可行、什么不可行的最佳方式。

在这里，唯一要着重指出的博客是http://blog.kaggle.com。这是举办过很多次机器学习比赛的Kaggle公司维护的博客（在附录A里可以找到更多链接）。通常，他们鼓励比赛优胜选手写文章，详细介绍他们是怎样着手解决难题的，什么样的策略不可行，以及他们是怎样想出获胜的策略的。如果你不想读其他的东西，没问题，但这个必须读。

1.4　开始

如果你已经安装了Python（2.7或更高版本），那么还需要安装NumPy和SciPy来处理数据，并需要安装Matplotlib对数据进行可视化。

1.4.1　NumPy、SciPy和Matplotlib简介

在讨论具体的机器学习算法之前，必须说一下如何最好地存储需要处理的数据。这很重要，因为多数高级学习算法，如果运行永远不会结束，对我们毫无用处。这可能仅仅是因为数据访问太慢了，也可能是因为这些数据的表示方式迫使操作系统一直做数据交换。再加上Python是一种解释性语言（尽管是高度优化过的），和C或者Fortran相比，这类语言对很多重数值算法来说运行

缓慢。所以或许应该问一问究竟为什么有这么多科学家和公司，甚至在高度计算密集型领域内豪赌Python。

答案就是，在Python中很容易把数值计算任务交给下层的C或Fortran扩展包。这也正是NumPy和SciPy要做的事情（http://scipy.org/install.html）。在NumPy和SciPy这个组合中，NumPy提供了对高度优化的多维数组的支持，而这正是大多数新式算法的基本数据结构。SciPy则通过这些数组提供了一套快速的数值分析方法库。最后，用Python来绘制高品质图形，Matplotlib（http://matplotlib.org/）也许是使用最方便、功能最丰富的程序库了。

1.4.2　安装Python

幸运的是，所有主流操作系统，如Windows、Mac和Linux，都有针对NumPy、SciPy和Matplotlib的安装程序。如果你对安装过程不是很清楚，那么可能就需要安装Enthought Python发行版（ https://www.enthought.com/products/epd_free.php ）或者Python(x,y)（ http://code.google.com/p/pythonxy/wiki/Downloads ），而这些已经包含在之前提到过的程序包里了。

1.4.3　使用NumPy和SciPy智能高效地处理数据

让我们快速浏览一下NumPy的基础示例，然后看看SciPy在NumPy之上提供了哪些东西。在这个过程中，我们将开始使用Matplotlib这个非凡的工具包进行绘图。

你可以在http://www.scipy.org/Tentative_NumPy_Tutorial上找到NumPy所提供的更多有趣示例。

你也会发现由Ivan Idris所著的《Python数据分析基础教程：NumPy学习指南（第2版）》非常有价值。你还可以在http://scipy-lectures.github.com上找到辅导性质的指南，并到http://docs.scipy.org/doc/scipy/reference/tutorial访问SciPy的官方教程。

在本书中，我们使用1.6.2版本的NumPy和0.11.0版本的SciPy。

1.4.4　学习NumPy

让我们引入NumPy，并小试一下。对此，需要打开Python交互界面。

```
>>> import numpy
>>> numpy.version.full_version
1.6.2
```

由于我们并不想破坏命名空间，所以肯定不能做下面这样的事情：

```
>>> from numpy import *
```

这个numpy.array数组很可能会遮挡住标准Python中包含的数组模块。相反，我们将会采用下面这种便捷方式：

```
>>> import numpy as np
>>> a = np.array([0,1,2,3,4,5])
>>> a
array([0, 1, 2, 3, 4, 5])
>>> a.ndim
1
>>> a.shape
(6,)
```

这里只是采用了与在Python中创建列表相类似的方法来创建数组。不过，NumPy数组还包含更多关于数组形状的信息。在这个例子中，它是一个含有5个元素的一维数组。到目前为止，并没有什么令人惊奇的。

现在我们将这个数组转换到一个2D矩阵中：

```
>>> b = a.reshape((3,2))
>>> b
array([[0, 1],
       [2, 3],
       [4, 5]])
>>> b.ndim
2
>>> b.shape
(3, 2)
```

当我们意识到NumPy包优化到什么程度时，有趣的事情发生了。比如，它在所有可能之处都避免复制操作。

```
>>> b[1][0]=77
>>> b
array([[ 0, 1],
       [77, 3],
       [ 4, 5]])
>>> a
array([ 0, 1, 77, 3, 4, 5])
```

在这个例子中，我们把b的值从2改成77，然后立刻就会发现相同的改动已经反映在a中。当你需要一个真正的副本时，请记住这个。

```
>>> c = a.reshape((3,2)).copy()
>>> c
array([[ 0, 1],
       [77, 3],
       [ 4, 5]])
>>> c[0][0] = -99
>>> a
array([ 0, 1, 77, 3, 4, 5])
>>> c
array([[-99, 1],
```

```
       [ 77, 3],
       [ 4, 5]])
```

这里，c和a是完全独立的副本。

NumPy数组还有一大优势，即对数组的操作可以传递到每个元素上。

```
>>> a*2
array([ 2, 4, 6, 8, 10])
>>> a**2
array([ 1, 4, 9, 16, 25])
Contrast that to ordinary Python lists:
>>> [1,2,3,4,5]*2
[1, 2, 3, 4, 5, 1, 2, 3, 4, 5]
>>> [1,2,3,4,5]**2
Traceback (most recent call last):
File "<stdin>", line 1, in <module>
TypeError: unsupported operand type(s) for ** or pow(): 'list' and
'int'
```

当然，我们在使用NumPy数组的时候会牺牲Python列表所提供的一些敏捷性。像相加、删除这样的简单操作在NumPy数组中会有一点麻烦。幸运的是，这两种方式都可以使用。我们可以根据手头上的任务来选择最适合的那种。

1. 索引

NumPy的部分威力来自于它的通用数组访问方式。

除了正常的列表索引方式，它还允许我们将数组本身当做索引使用。

```
>>> a[np.array([2,3,4])]
array([77, 3, 4])
```

除了判断条件可以传递到每个元素这个事实，我们得到了一个非常方便的数据访问方法。

```
>>> a>4
array([False, False, True, False, False, True], dtype=bool)
>>> a[a>4]
array([77, 5])
```

这还可用于修剪异常值。

```
>>> a[a>4] = 4
>>> a
array([0, 1, 4, 3, 4, 4])
```

鉴于这是一个经常碰到的情况，所以这里有一个专门的修剪函数来处理它。如下面的函数调用所示，它将数组值超出某个区间边界的部分修剪掉。

```
>>> a.clip(0,4)
array([0, 1, 4, 3, 4, 4])
```

2. 处理不存在的值

当我们预处理刚从文本文件中读出的数据时，NumPy 的索引能力就派上用场了。这些数据中很可能包含不合法的值，我们像下面这样用 numpy.NAN 做标记，来表示它不是真实数值。

```
c = np.array([1, 2, np.NAN, 3, 4]) # 假设已经从文本文件中读取了数据
>>> c
array([ 1., 2., nan, 3., 4.])
>>> np.isnan(c)
array([False, False, True, False, False], dtype=bool)
>>> c[~np.isnan(c)]
array([ 1., 2., 3., 4.])
>>> np.mean(c[~np.isnan(c)])
2.5
```

3. 运行时行为比较

让我们比较一下 NumPy 和标准 Python 列表的运行时行为。在下面这些代码中，我们将会计算从 1 到 1000 的所有数的平方和，并观察这些计算花费了多少时间。为了使评估足够准确，我们重复做了 10 000 次，并记录下总时间。

```
import timeit
normal_py_sec = timeit.timeit('sum(x*x for x in xrange(1000))',
                                number=10000)
naive_np_sec = timeit.timeit('sum(na*na)',
                                setup="import numpy as np; na=np.arange(1000)",
                                number=10000)
good_np_sec = timeit.timeit('na.dot(na)',
                                setup="import numpy as np; na=np.arange(1000)",
                                number=10000)

print("Normal Python: %f sec"%normal_py_sec)
print("Naive NumPy: %f sec"%naive_np_sec)
print("Good NumPy: %f sec"%good_np_sec)

Normal Python: 1.157467 sec
Naive NumPy: 4.061293 sec
Good NumPy: 0.033419 sec
```

我们观察到两个有趣的现象。首先，仅用 NumPy 作为数据存储（原始 NumPy）时，花费的时间竟然是标准 Python 列表的 3.5 倍。这让我们感到非常惊奇，因为我们原本以为既然它是 C 扩展，那肯定要快得多。对此，一个解释是，在 Python 中访问个体数组元素是相当耗时的。只有当我们在优化后的扩展代码中使用一些算法之后，才能获得速度上的提升。一个巨大的提升是：当使用 NumPy 的 dot() 函数之后，可以得到 25 倍的加速。总而言之，在要实现的算法中，应该时常考虑如何将数组元素的循环处理从 Python 中移到一些高度优化的 NumPy 或 SciPy 扩展函数中。

然而，速度也是有代价的。当使用 NumPy 数组时，我们不再拥有像 Python 列表那样基本上可以装下任何数据的不可思议的灵活性。NumPy 数组中只有一个数据类型。

```
>>> a = np.array([1,2,3])
>>> a.dtype
dtype('int64')
```

如果尝试使用不同类型的元素，NumPy会尽量把它们强制转换为最合理的常用数据类型：

```
>>> np.array([1, "stringy"])
array(['1', 'stringy'], dtype='|S8')
>>> np.array([1, "stringy", set([1,2,3])])
array([1, stringy, set([1, 2, 3])], dtype=object)
```

1.4.5　学习SciPy

在NumPy的高效数据结构之上，SciPy提供了基于这些数组的算法级应用。本书中任何一个数值分析方面的重数值算法，你都可以在SciPy中找到相应的支持。无论是矩阵运算、线性代数、最优化方法、聚类、空间运算，还是快速傅里叶变换，都囊括在这个工具包中了。因此在实现数值算法之前先查看一下SciPy模块，是一个好习惯。

为了方便起见，NumPy的全部命名空间都可以通过SciPy访问。因此从现在开始，我们会在SciPy的命名空间中使用NumPy的函数。通过比较这两个基础函数的引用，很容易就可以进行验证，例如：

```
>>> import scipy, numpy
>>> scipy.version.full_version
0.11.0
>>> scipy.dot is numpy.dot
True
```

各种各样的算法被分组到下面这个工具包中：

SciPy工具包	功　能
cluster	层次聚类（cluster.hierarchy）
	矢量量化 / K均值（cluster.vq）
constants	物理和数学常量
	转换方法
fftpack	离散傅里叶变换算法
integrate	积分例程
interpolate	插值（线性的、三次方的，等等）
io	数据输入和输出
linalg	采用优化BLAS和LAPACK库的线性代数函数
maxentropy	最大熵模型的函数
ndimage	n维图像工具包
odr	正交距离回归
optimize	最优化（寻找极小值和方程的根）
signal	信号处理

（续）

SciPy工具包	功　　能
sparse	稀疏矩阵
spatial	空间数据结构和算法
special	特殊数学函数如贝塞尔函数（Bessel）或雅可比函数（Jacobian）
stats	统计学工具包

其中我们最感兴趣的是scipy.stats、scipy.interpolate、scipy.cluster和scipy.signal。为了简单起见，我们将会简要地探索stats包的一些特性，而其余的则在它们各自出现的章中进行解释。

1.5　我们第一个（极小的）机器学习应用

让我们亲自体验一下，看一看我们假想的互联网创业公司MLAAS。它通过HTTP向用户推销机器学习算法服务。但随着公司不断取得成功，要为所有Web访问请求都提供优质服务，就需要具备更好的基础设施。我们并不愿意分配过多的资源，因为这些资源非常昂贵。另一方面，如果没有足够的资源来为所有请求提供服务，我们也将会赔钱。现在的问题是，我们何时会到达目前基础设施的极限。这个极限我们估计是每小时100 000个请求。我们希望事先知道什么时候不得不申请更多的云端服务器来服务于所有请求，同时不必为未使用的服务器承担费用。

1.5.1　读取数据

我们已经收集了上个月的Web统计信息，并把它们汇聚到了ch01/data/web_traffic.tsv（因为tsv包含以Tab字符分割的数字）。它们存储着每小时的访问次数。每一行包含连续的小时信息，以及该小时内的Web访问次数。

文件前面几行如下图所示：

使用SciPy的genfromtxt()很容易读取数据。

```
import scipy as sp
data = sp.genfromtxt("web_traffic.tsv", delimiter="\t")
```

必须使用Tab作为分隔符，确保可以正确读取各个列的数据。

经快速检验显示，我们已经正确地读取了数据。

```
>>> print(data[:10])
[[ 1.00000000e+00 2.27200000e+03]
 [ 2.00000000e+00            nan]
 [ 3.00000000e+00 1.38600000e+03]
 [ 4.00000000e+00 1.36500000e+03]
 [ 5.00000000e+00 1.48800000e+03]
 [ 6.00000000e+00 1.33700000e+03]
 [ 7.00000000e+00 1.88300000e+03]
 [ 8.00000000e+00 2.28300000e+03]
 [ 9.00000000e+00 1.33500000e+03]
 [ 1.00000000e+01 1.02500000e+03]]
>>> print(data.shape)
(743, 2)
```

我们有743个二维数据点。

1.5.2　预处理和清洗数据

在SciPy中，为了处理起来更加便利，我们将各维度分成两个向量，其中每个向量的大小是743。第一个向量x包含小时信息，而另一个向量y包含某个小时内的Web访问数。这个切分过程是通过我们选择的某些列，由SciPy的特殊索引标记来完成的。

```
x = data[:,0]
y = data[:,1]
```

这里还有很多从SciPy数组中选取数据的方法。可以在http://www.scipy.org/Tentative_NumPy_Tutorial上查看更多关于索引（indexing）、切割（slicing）和迭代（iterating）的详情。

需要说明的是，y中仍然有一些项包含了无效值nan。但问题是，该如何处理这些无效值呢？让我们看一下有多少小时的数据中包含了无效值。

```
>>> sp.sum(sp.isnan(y))
8
```

我们看到743个项中只有8个值缺失了，因此把它们删除是可以承受的。记住，我们能够用另一个数组来索引SciPy的数组。sp.isnan(y)返回一个布尔型的数组，用来表示某个数组项中的内容是否是一个数字。我们可以使用~在逻辑上对数组取反，使我们可以在x和y中只选择y值合法的项。

```
x = x[~sp.isnan(y)]
y = y[~sp.isnan(y)]
```

为了获得对数据的第一印象，让我们用Matplotlib在散点图上将数据画出来。Matplotlib包含了pyplot包，它模仿了Matlab的接口———一个非常方便和易用的接口。（你可以在http://matplotlib.org/users/pyplot_tutorial.html上看到更多画图方面的教程。）

```
import matplotlib.pyplot as plt
plt.scatter(x,y)
plt.title("Web traffic over the last month")
plt.xlabel("Time")
plt.ylabel("Hits/hour")
plt.xticks([w*7*24 for w in range(10)],
    ['week %i'%w for w in range(10)])
plt.autoscale(tight=True)
plt.grid()
plt.show()
```

在绘出的图上，可以看到虽然前面几个星期的流量差不多相同，但最后那个星期呈现出显著上升的趋势。

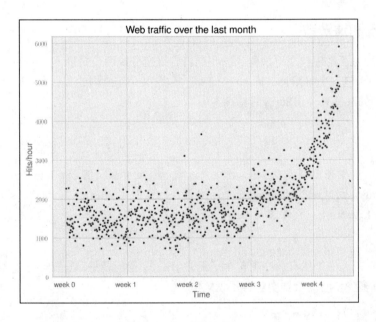

1.5.3　选择正确的模型和学习算法

现在我们已经对数据有了一个初步印象，那么回到起初的问题：服务器要用多长时间来处理进来的Web流量呢？要回答这个问题，必须先做到以下两点：

- □ 找到有噪数据背后真正的模型；
- □ 使用这个模型预测未来，以便及时找到我们的基础设施必须扩展的地方。

1. 在构建第一个模型之前

谈到模型，你可以把它想象成对复杂现实世界的简化的理论近似。它总会包含一些劣质内容，而这又叫做近似误差。这个误差将指引我们在无数选择中寻找正确的模型。我们用模型预测值到真实值的平方距离来计算这个误差。具体来说，对于一个训练好的模型函数f，按照下面这样来计算误差：

```
def error(f, x, y):
    return sp.sum((f(x)-y)**2)
```

向量x和y包含我们之前提取的Web统计数据。这正是Scipy向量化函数（这里采用的是f(x)）的美妙之处。在训练好的模型中，我们假定它把一个向量作为输入，并返回一个相同大小的向量。这样，我们就可以用它来计算与y之间的差距。

2. 从一条简单的直线开始

让我们假设另外一个例子，它的模型是一条直线。这里的挑战是如何在图中画出一条最佳的直线，使结果中的近似误差最小。SciPy的polyfit()函数正是用来解决这个问题的。给定数据x和y，以及期望的多项式的阶（直线的阶是1），它可以找到一个模型，能够最小化之前定义的误差函数。

```
fp1, residuals, rank, sv, rcond = sp.polyfit(x, y, 1, full=True)
```

polyfit()函数会把拟合的模型函数所使用的参数返回，即fp1；而且通过把full置成True，我们还可以获得更多逼近过程的背景信息。在这里面，我们只对残差感兴趣，而这正是近似误差。

```
>>> print("Model parameters: %s" % fp1)
Model parameters: [ 2.59619213 989.02487106]
>>> print(res)
[ 3.17389767e+08]
```

这里的意思是说，最优的近似直线如下面这个函数所示：

```
f(x) = 2.59619213 * x + 989.02487106
```

然后用poly1d()根据这些参数创建一个模型函数。

```
>>> f1 = sp.poly1d(fp1)
>>> print(error(f1, x, y))
317389767.34
```

我们已经利用full=True得到了更多的关于逼近过程的细节。正常来说，我们并不需要这个，只需要返回模型参数即可。

 事实上，我们在这里只是做了曲线拟合。更多详细信息，请参考http://en.wikipedia.org/wiki/Curve_fitting。

现在用f1()画出第一个训练后的模型。在前述绘图命令之外，我们简单加入如下代码：

```
fx = sp.linspace(0,x[-1], 1000) # 生成X值用来作图
plt.plot(fx, f1(fx), linewidth=4)
plt.legend(["d=%i" % f1.order], loc="upper left")
```

下面这个图中显示了我们第一个训练后的模型：

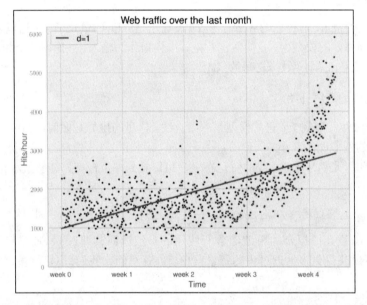

虽然前面4个星期的数据好像并没有偏离太多，但我们仍然可以清楚地看到，最初的直线模型假设是有问题的。此外，实际误差值317 389 767.34到底是好还是坏呢？

我们从来不拿误差的绝对值单独使用。然而当比较两个竞争的模型时，可以利用它们的绝对误差来判断哪一个更好。尽管第一个模型显然不是我们想要的，但它的工作流程却有一个重要作用：我们可以把它当做基线，直到找到更好的模型。无论将来构造出了什么样的模型，我们都会去和当前的基线做比较。

3. 一些高级话题

现在我们要用一个更复杂的模型来做拟合，来看一个阶数为2的多项式，看看它是否可以更

好地"理解"我们的数据。

```
>>> f2p = sp.polyfit(x, y, 2)
>>> print(f2p)
array([ 1.05322215e-02, -5.26545650e+00, 1.97476082e+03])
>>> f2 = sp.poly1d(f2p)
>>> print(error(f2, x, y))
179983507.878
```

下面这个图表显示了之前训练好的模型（一阶直线），以及我们新训练出的更复杂的二阶模型（虚线）：

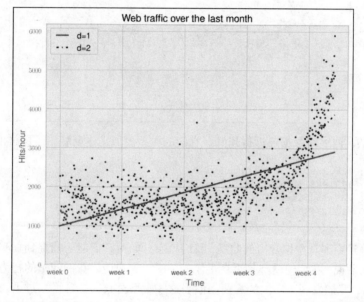

这里的误差是179 983 507.878，几乎是直线模型误差的一半。这个效果看起来很不错，然而，它也是有代价的。我们现在得到了一个更复杂的函数，这意味着在polyfit()中多了一个参数需要调整。近似的多项式如下：

```
f(x) = 0.0105322215 * x**2 - 5.26545650 * x + 1974.76082
```

在这里，如果复杂性越大效果越好，那么为什么不进一步增加复杂性呢？让我们试一下阶数为3、10和100的函数。

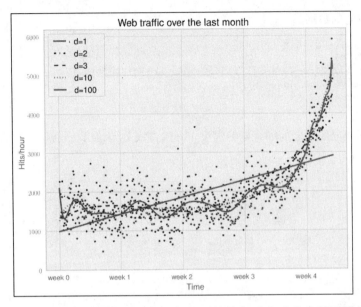

数据越复杂，曲线对数据逼近得越好。它们的误差值似乎也反映出了同样的结果。

```
Error d=1: 317,389,767.339778
Error d=2: 179,983,507.878179
Error d=3: 139,350,144.031725
Error d=10: 121,942,326.363461
Error d=100: 109,318,004.475556
```

然而，如果近距离观察拟合出的曲线，我们就会开始对它们能否捕捉到真实的数据生成过程心生疑虑。换句话说，我们的模型是否真正代表了广大客户访问我们网站的行为呢？看看10阶和100阶的多项式，我们发现了巨大的震荡。似乎这些模型对数据拟合得太过了。它不但捕捉到了背后的数据生成过程，还把噪声也包含进去了，这就叫做过拟合（overfitting）。

在这里，我们有如下的选择。

❑ 选择其中一个拟合出的多项式模型。
❑ 换成另外一类更复杂的模型；样条（splines）？
❑ 从不同的角度思考数据，然后重新开始。

在上述这5个拟合模型中，1阶模型明显太过简单了，而10阶和100阶的模型显然是过拟合了。只有2阶和3阶模型似乎还比较匹配数据。然而，如果在数据的两个边界上进行预测，我们会发现它们的效果令人抓狂。

换成另外一类更复杂的模型似乎也是一个错误路线。那么什么样的论据会支持哪类模型呢？在这里，我们意识到，也许我们还没有真正理解数据。

4. 以退为进——另眼看数据

在此，我们退回去从另一个角度来看数据。似乎在第3周和第4周的数据之间有一个拐点。这让我们可以以3.5周作为分界点把数据分成两份，并训练出两条直线来。我们使用到第3周之前的数据来训练第一条线，用剩下的数据训练第2条线。

```
inflection = 3.5*7*24 # 计算拐点的小时数
xa = x[:inflection] # 拐点之前的数据
ya = y[:inflection]
xb = x[inflection:] # 之后的数据
yb = y[inflection:]

fa = sp.poly1d(sp.polyfit(xa, ya, 1))
fb = sp.poly1d(sp.polyfit(xb, yb, 1))

fa_error = error(fa, xa, ya)
fb_error = error(fb, xb, yb)
print("Error inflection=%f" % (fa + fb_error))
Error inflection=156,639,407.701523
```

我们在这两组数据的范围之内画出了这两个模型，如下图所示：

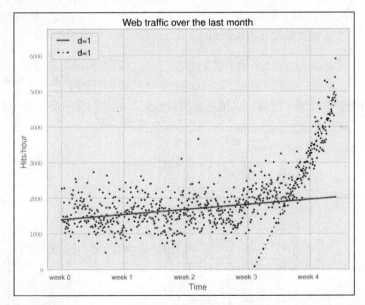

很明显，两条线组合起来似乎比之前我们做的任何模型都能更好地拟合数据。但组合之后的误差仍然高于高阶多项式的误差。我们最后能否相信这个误差呢？

换一个方式来问，相比于其他复杂模型，为什么仅在最后一周数据上更相信拟合的直线模型呢？这是因为我们认为它更符合未来数据。如果在未来时间段上画出模型，就可以看到这是非常正确的（d=1是我们最初的直线模型）。

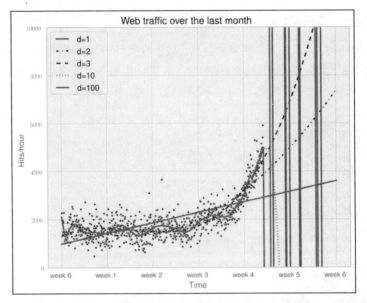

　　10阶和100阶的模型在这里似乎并没有什么光明的未来。它们非常努力地对给定数据正确建模，但它们明显没法推广到将来的数据上。这个叫做过拟合。另一方面，低阶模型似乎也不能恰当地拟合数据。这个叫做欠拟合（underfitting）。

　　所以让我们公平地看待2阶或者更高阶的模型，并且试验一下如果只拟合最后一周数据的话，会有什么样的效果。毕竟，我们相信最后一周的数据比之前的数据更符合未来数据的趋势。下面这个有些迷幻的图表中给出了结果。这里更加明显地显示出过拟合问题是如何不好的。

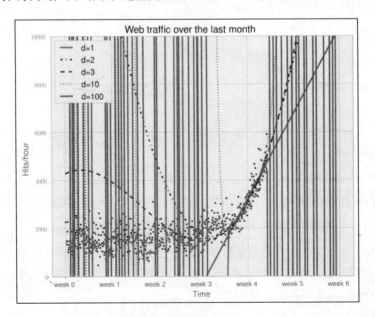

　　然而，当模型只在3.5周及以后数据上训练时，从模型误差中判断，仍然应该选择最复杂的那个模型。

```
Error d=1: 22143941.107618
Error d=2: 19768846.989176
Error d=3: 19766452.361027
Error d=10: 18949339.348539
Error d=100: 16915159.603877
```

5. 训练与测试

　　如果有一些未来数据能用于模型评估，那么仅从近似误差结果中就应该可以判断出我们选择的模型是好是坏了。

　　尽管我们看不到未来的数据，但可以从现有数据中拿出一部分，来模拟类似的效果。例如，把一定比例的数据删掉，并使用剩下的数据进行训练，然后在拿出的那部分数据上计算误差。由于模型在训练中看不见拿出的那部分数据，所以就可以对模型的未来行为得到一个较为真实的预估。

　　只利用拐点时间后的数据训练出来的模型，其测试误差显现出了一个完全不同的境况。

```
Error d=1:    7,917,335.831122
Error d=2:    6,993,880.348870
Error d=3:    7,137,471.177363
Error d=10:   8,805,551.189738
Error d=100: 10,877,646.621984
```

结果显示在下图中：

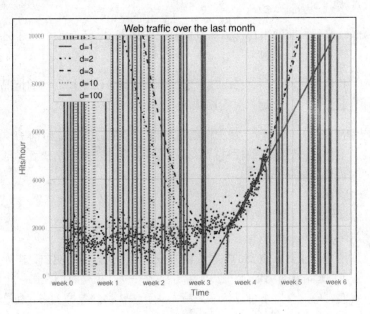

看来最终的胜者已经一目了然。2阶模型的测试误差最低，而这个误差是在模型训练中未使用的那部分数据上评估得到的。这让我们相信，当未来数据到来时，不会遇到糟糕的意外。

6. 回答最初的问题

最终得到了一个模型，我们认为它可以最好地代表数据生成过程；现在，要获悉我们的基础设施何时到达每小时100 000次请求，已经是一个简单的事情了，只需要计算何时我们的模型函数到达100 000这个值即可。

对于2阶模型，我们可以简单地计算出它的逆函数，并得到100 000上的结果。当然，我们还希望有一个可以适用于任何模型函数的方法。

可以这样做：从多项式中减去100 000，得到另一个多项式，然后计算出它的根。如果提供了参数的初始值，SciPy的optimize模块有一个fsolve函数可以完成这项工作。假设这个胜出的2阶多项式是fbt2：

```
>>> print(fbt2)
         2
0.08844 x - 97.31 x + 2.853e+04
>>> print(fbt2-100000)
         2
0.08844 x - 97.31 x - 7.147e+04

>>> from scipy.optimize import fsolve
>>> reached_max = fsolve(fbt2-100000, 800)/(7*24)
>>> print("100,000 hits/hour expected at week %f" % reached_max[0])
100,000 hits/hour expected at week 9.827613
```

模型告诉我们，鉴于目前的用户行为和我们公司的推进力，还有一个月才会到达访问容量的界限。

当然，加入了我们的预测之后，会出现一定的不确定性。要获知真实的情况，需要更复杂的统计学知识来计算我们在望向更远处时所期望的方差。

对一些用户和潜在用户的动态行为，仍然无法准确地建模。但是，目前的预测对我们来说已经不错了。毕竟，现在可以对所有的耗时行为有所准备。如果能够对Web流量密切监控，我们就可以及时发现何时需要分配新的资源。

1.6 小结

恭喜你！你刚刚学到了两件重要的事情。其中最重要的是，你要明白，作为一名典型的机器学习践行者，你会在理解和提炼数据上花费大部分精力——这正是我们在第一个微小的机器学习示例中所做的。我们希望这个例子可以帮你把精力从算法转移到数据上来。在这之后，我们还一起了解了一下正确设置实验的重要性,其中至关重要的是,不要把训练数据和测试数据混在一起。

诚然,使用多项式拟合并不是机器学习领域最酷的事情。这个例子只是为了让你明白,不要让一些"闪闪发光"的算法分散你的注意力。这里包含上面总结的最重要的两点。

所以,让我们开始学习第2章的内容。我们将深入探究Scikit-learn这个令人惊奇的机器学习工具箱,并概述不同类型的学习算法,同时向你展示特征工程的美妙之处。

第2章

如何对真实样本分类

机器是否能够识别出图像中的花朵种类？从机器学习的角度来说，我们可以通过以下方式解决这个问题：先让机器学习一下每种花朵的样本数据，然后让它根据这些信息，对未标识出花朵种类的图像进行分类。而这个过程就叫做分类（或者叫监督学习），这是一个已经研究了几十年的经典问题。

我们将会用一些容易上手实现的简单算法探索小规模数据集。我们的目标是理解分类的基本原理。由于后面几章中会介绍更多复杂的方法，而这些方法依赖于他人写就的代码，因此掌握分类的基本原理将为理解后面几章的内容打下坚实基础。

2.1 Iris 数据集

Iris数据集（Iris dateset，也称鸢尾花卉数据集）是源自20世纪30年代的经典数据集。它是最早应用统计分类的现代示例之一。

数据中包含有不同种类的Iris花朵的数据，这些种类可以通过它们的形态来识别。时至今日，我们已经可以通过基因签名（genomic signature）来识别这些分类。但在20世纪30年代，人们还不确定DNA是不是基因信息的载体。

测量的是每个花朵的以下四个属性：

❑ 花萼长度；
❑ 花萼宽度；
❑ 花瓣长度；
❑ 花瓣宽度。

一般来说，我们把数据中所有的测量结果都叫做特征。

此外，每个花朵所属的种类都已经标出。现在的问题是：如果看到这种植物的一个新花朵，我们能否通过它的四个特征来预测出它的种类？

这就是监督学习或分类问题；对于给定的带有类别标签的样本，我们要设计出一种规则，然后通过这种规则，最终实现对其他样本的预测。这跟垃圾邮件分类问题是一样的；根据用户标出的垃圾邮件和非垃圾邮件样本，我们能否判定一个新来的信息是否是垃圾邮件？

在这个时候，Iris数据集可以很好地满足我们的需求。它的规模很小（只包含150个样本，每个样本有4个特征），很容易可视化地显示出来并进行处理。

2.1.1 第一步是可视化

由于这个数据集的规模很小，我们很容易把所有的数据点，以及它们在二维空间中的映射画在一张纸上。我们由此可以形成一个直观认识，然后将其拓展到维度更高、数量更大的数据上。下图中的每一个子图都画出了所有数据点在其中两个维度上的映射。外面那一组点（三角形）代表的是山鸢尾花（Iris Setosa），中间的（圆圈）代表的是变色鸢尾花（Iris Versicolor），用x标记的是维吉尼亚鸢尾花（Iris Virginica）。我们可以看到，数据分成两大组：一组是山鸢尾花（Iris Setosa），另一组是变色鸢尾花（Iris Versicolor）和维吉尼亚鸢尾花（Iris Virginica）的混合。

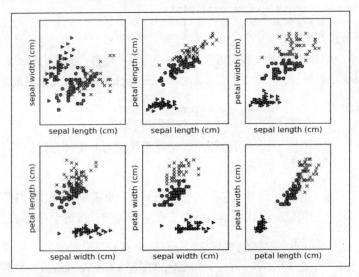

我们使用Matplotlib这个最著名的Python绘图包来绘制图形。这里展示了生成左上子图的代码。而生成其他子图的代码与此类似：

```
from matplotlib import pyplot as plt
from sklearn.datasets import load_iris
import numpy as np

# 我们用sklearn中的load_iris读取数据
data = load_iris()
features = data['data']
feature_names = data['feature_names']
target = data['target']
```

```
for t,marker,c in zip(xrange(3),">ox","rgb"):
    # 我们画出每个类别，它们各自采用不同的颜色标识
    plt.scatter(features[target == t,0],
                features[target == t,1],
                marker=marker,
                c=c)
```

2.1.2　构建第一个分类模型

如果我们的目标是区分这三种花朵的类型，那么根据已经绘制出的图形，答案显而易见。例如，根据花瓣长度似乎就可以将山鸢尾花（Iris Setosa）跟其他两类花朵区分开。我们写一点代码来寻找切分点在哪里，如下所示：

```
plength = features[:, 2]
# 用numpy操作来获取setosa的特征
is_setosa = (labels == 'setosa')
# 这是重要的一步
max_setosa =plength[is_setosa].max()
min_non_setosa = plength[~is_setosa].min()
print('Maximum of setosa: {0}.'.format(max_setosa))
print('Minimum of others: {0}.'.format(min_non_setosa))
```

它打印输出了1.9和3.0。因此，我们可以构造一个简单的模型：如果花瓣长度小于2，那么它是山鸢尾花（Iris Setosa）；否则，它不是维吉尼亚鸢尾花（Iris Virginica）就是变色鸢尾花（Iris Versicolor）。

```
if features[:,2] < 2: print 'Iris Setosa'
else: print 'Iris Virginica or Iris Versicolour'
```

这是我们的第一个模型。通过它可以将山鸢尾花跟其他两类花区分开，而且效果非常好，不会出现任何错误。

目前这个模型只是一个简单结构；它是某个维度上的一个简单阈值。我们还可以通过一些计算，可视化地寻找最佳的阈值；当我们编写代码实现它的时候，机器学习就派上用场了。

将山鸢尾花（Iris Setosa）跟其他两类花区分开这个例子是很简单的。然而，我们却无法立即找到区分维吉尼亚鸢尾花（Iris Virginica）和变色鸢尾花（Iris Versicolor）的最佳阈值。我们甚至会发现永远都不可能找到完美的划分。不过，我们还是可以尝试一下最有可能成功的方式。对此，需要进行一点计算。

首先，只选择非山鸢尾花（Iris Setosa）的特征和标签：

```
features = features[~is_setosa]
labels = labels[~is_setosa]
virginica = (labels == 'virginica')
```

在这里，我们经常会用到NumPy对数组进行一些操作。is_setosa是一个布尔型的数组，我们用它从另外两个数组（features和labels）中选取出一个子集来。最后，我们对标签进行

比较看它们是否相等，并构建出一个新的布尔型数组virginica。

现在我们对所有可能的特征和阈值进行遍历，去寻找更高的正确率。正确率就是模型正确分类的那部分样本所占的比例：

```
best_acc = -1.0
for fi in xrange(features.shape[1]):
  # 我们将要针对这个特征生成所有可能的阈值
  thresh = features[:,fi].copy()
  thresh.sort()
  # 现在测试所有阈值
  for t in thresh:
    pred = (features[:,fi] > t)
    acc = (pred == virginica).mean()
    if acc > best_acc:
      best_acc = acc
      best_fi = fi
      best_t = t
```

代码最后几行选出最佳模型。首先，我们要比较预测结果（pred）和真实标签（virginica）。这里有一个小技巧，那就是通过计算比较次数的平均值，可以得到正确结果所占的比例，也就是正确率。在for循环的最后，所有特征上的所有可能阈值都测试过了，best_fi和best_t变量就代表了我们选出的模型。要将它应用到新的样本上，我们需要进行如下操作：

```
if example[best_fi] > t: print 'virginica'
else: print 'versicolor'
```

这个模型生成后是什么样子？如果在全部数据上运行，我们得到的最佳模型就是一个在花瓣长度上的划分。我们可以把判别边界画出来。在下图中，我们可以看到两个区域：一个是白色的，另一个被灰色阴影覆盖。白色区域中的任何点代表的都是维吉尼亚鸢尾花（Iris Virginica），阴影那边的任何点代表的都是变色鸢尾花（Iris Versicolor）。

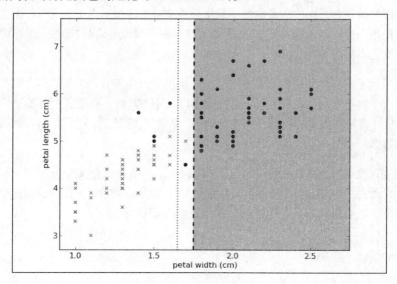

在阈值模型中，判别边界常常是一条与坐标轴平行的直线。上图中包含了判别边界和两个区域，这些数据点不是在白色区域就是在灰色区域中。同时，上图也显示出（见虚线）另一个阈值恰好也可以得到同样的正确率。我们的模型选择了第一个阈值，但那是随便选的。

评估：留存数据和交叉验证

我们在前一节中讨论了一个简单模型；它在训练集上达到了94%的正确率。然而，这个评估也许过于乐观了。因为我们用这些数据去确定阈值，然后又用同样的数据评估了这个模型。该模型的效果当然比其他所有我们在这个数据集上尝试过的模型都好。这在逻辑上犯了循环论证的错误。

我们真正想做的事情是衡量模型对新样本的泛化能力。所以，这里应该用训练中未出现过的数据来评估模型的性能。因此，我们将要进行一个更严格的评估，并且使用留存数据。对此，我们把数据分成两部分，一部分用于训练模型，一部分（从训练集拿出来的数据）用于测试模型效果。输出如下所示：

```
Training error was 96.0%.
Testing error was 90.0% (N = 50).
```

测试集上的正确率低于训练集上的正确率。这可能会让一个没有经验的机器学习初学者感到惊讶，但这是符合预期的，而且是一个典型情况。要了解原因，可以回过头来看一下画出的判别边界。仔细观察一下，一些离边界很近的样本是否不在那里了，或者两条线中间的点是否消失了。我们很容易想象，这时的边界将会向右或向左移动一点，从而导致这些点被放在"错误"的一边。

训练数据上的误差叫做**训练误差**，它对算法效果的估计常常过于乐观。我们总是应该测量和报告**测试误差**，也就是在未用于训练的样本集合上的误差。

随着模型越来越复杂，这些概念也变得越来越重要。在这个示例中，这两种误差的差距并不是很大。但当使用一个复杂的模型时，训练集上的正确率很可能达到100%，但在测试集上的效果却跟随机猜测差不多。

我们之前采用了从训练集中留存数据的方式，这里有一个潜在的问题，即在训练中只使用了部分数据（在这个例子中，我们使用了一半的数据）。另一方面，如果我们在测试中使用了过少的数据，误差估计将只在很少的一部分样本上进行。在理想情况下，我们希望在训练和测试中都能使用所有的数据。

我们可以通过交叉验证（cross-validation）达到类似的效果。交叉验证的一个极端（但有时很有用）形式叫做去一法（leave-one-out）。从训练集中拿出一个样本，并在缺少这个样本的数据上训练一个模型，然后看模型是否能对这个样本正确分类：

```
error = 0.0
for ei in range(len(features)):
```

```
# 选择除了ei以外的所有位置:
    training = np.ones(len(features), bool)
    training[ei] = False
    testing = ~training
    model = learn_model(features[training], virginica[training])
    predictions = apply_model(features[testing],
                              virginica[testing], model)
error += np.sum(predictions != virginica[testing])
```

至这一循环的末尾，我们在所有样本上对一系列模型进行了测试。然而，这里并没有循环影响的问题，这是因为测试每个样本的模型，在构建的时候并没有把这个样本考虑进去。因此，这个综合评估就是对模型泛化能力的一个可靠估计。

交叉验证去一法最主要的问题是，我们必须进行100次或者更多的训练。事实上，针对每个样本，我们都要去学习一个全新的模型。工作量会随着数据集变大而增加。

我们可以通过 x 折交叉验证以部分代价获得去一法的大部分收益。这里 x 代表一个小数字，例如5。为了进行5折交叉验证，我们会把数据分成5份，这就是5折的由来。

然后我们训练了5个模型，每次训练分别把其中一份数据拿出去。实现代码跟本节前面给出的类似，但这里我们是把20%的数据拿出去，而不仅仅是1个元素。我们在留存数据上测试这些模型的效果，并对结果取平均值：

Dataset	Fold 1	Fold 2	Fold 3	Fold 4	Fold 5
1	Test	Train	Train	Train	Train
2	Train	Test	Train	Train	Train
3	Train	Train	Test	Train	Train
4	Train	Train	Train	Test	Train
5	Train	Train	Train	Train	Test

上图阐释了这个数据5分块的过程（数据集被分成了5块）。对于每一折，你将其中一块保留下来用于测试，而在其余4块上进行训练。其实你想用多少折都可以。5或10折是比较常见的；也就是在训练中使用80%或者90%的数据，这样得出的结果与使用所有数据的效果比较接近。在极端情况下，如果你用的折数跟数据个数一样多，那么简单地进行去一交叉验证即可。

在生成数据折的时候，你需要谨慎地保持数据分布的平衡。例如，如果某一折中所有的样本都属于同一类，那在这个数据集上得到结果就不具有代表性。我们并不想深入介绍如何来做这个事情，因为机器学习工具包可处理好此事。

我们现在已经生成了几个模型，而非仅仅一个。那最终模型是什么呢？如何将它用在新数据上呢？最简单的方法就是在所有训练数据上使用一个综合模型。交叉验证循环会帮你评价一个模型的泛化能力。

> 交叉验证计划允许你使用所有的数据去衡量你的方法效果如何。在交叉验证循环的末尾，你可以用所有数据来训练一个最终模型。

尽管这在机器学习发展之初并没有被适当地指出，而在今天，甚至讨论分类系统的训练误差都会被看做一个非常不好的迹象，因为它的结果非常具有误导性。我们希望使用留存数据上的误差，或者用交叉验证计划衡量出的误差来进行效果评估和比较。

2.2　构建更复杂的分类器

在前一节中，我们使用了一个非常简单的模型：在一个维度上用阈值进行划分。遍览本书，你可以看到很多其他类型的模型，但我们并不想涵盖所有东西。

一个分类模型是由什么组成的？我们可以把它分成三部分。

- ❑ **模型结构**　在这里我们采用一个阈值在一个特征上进行划分。
- ❑ **搜索过程**　在这里我们尽可能多的尝试所有特征和阈值的组合。
- ❑ **损失函数**　我们通过损失函数来确定哪些可能性不会太差（因为我们不会去讨论完美的解决方案）。我们可以用训练误差或者其他方式定义这一点，比如我们想要最高的正确率。一般来说，人们希望损失函数最小化。

我们可以反复试验这三部分，并得到不同的结果。例如，我们可以设置一个阈值，让它的训练误差达到最小，不过对每个特征我们只测试三个值：特征的平均值、均值加一个标准偏差，以及均值减1个标准偏差。尤其是，如果测试每一个值都非常耗时（或者我们有成千上万的数据），那么就有必要使用我们刚才提到的那种方法。因为穷举搜索显然不可行，我们必须进行近似处理。

作为选择，我们可以有不同的损失函数。一种可能的情况是，一种错误比另一种的代价更大。在医疗领域，假阴性和假阳性的代价并不相同。假阴性（当检测结果是阴性，但实际上是假的）可能会导致患有严重疾病的患者无法及时得到治疗。假阳性（当检测结果是阳性，即使患者并没有真正患有这种病）可能会导致患者进行更多不必要的诊断和治疗（这仍然是有代价的，例如治疗的副作用）。因此，根据具体情况，选择不同的折中是可以理解的。在一个极端情况下，如果疾病是致命的，而治疗费用很低，副作用也很少，那么我们会希望尽可能使假阴性最少。在垃圾邮件过滤问题中我们面临同样的问题；误删一个正常邮件对用户来说是十分危险的，而让一个垃圾邮件通过，只会带来一点小麻烦。

如何构造损失函数取决于你正在处理的具体问题。在给出一个通用算法的时候，我们通常把精力集中在使分类错误最少上（达到最高的正确率）。然而，如果一些错误的代价比其他的更大，那么为使综合成本最小，也许接受一个较低的总体精度较好。

最终，我们还可以有其他的分类结构。简单的阈值规则是非常局限的，它只能在非常简单的情况下发挥作用，例如Iris数据集。

2.3　更复杂的数据集和更复杂的分类器

现在我们看一个复杂一点的数据集。这将推动下文对新的分类算法以及其他一些想法的介绍。

2.3.1　从Seeds数据集中学习

现在我们考虑另一个农业数据集；它的规模依然很小，但是要想如Iris数据集那样自如详尽地画出来，它的规模就显得太大了。这是一个关于小麦种子的测量数据集。下面列出了它的7个特征：

- 面积（A）；
- 周长（P）；
- 紧密度（$C=4\pi A/P^2$）；
- 谷粒的长度；
- 谷粒的宽度；
- 偏度系数；
- 谷粒槽长度。

这些种子一共分为三个类别，属于小麦的三个不同品种：Canadian、Kama和Rosa。和以前一样，我们的目标是根据对小麦形态的测量对小麦品种进行分类。

与收集于20世纪30年代的Iris数据集不同，这是一个非常新的数据集，它的特征都是从数字图像上自动计算生成的。

图像模式识别是这样实现的：你得到一些数字格式的图像，从中计算出一些相关特征，然后使用一般的分类系统进行分类。在下面一章中，我们将会深入讨论计算机如何进行视觉方面的工作，并从图像中提取特征。在这一节里，我们还是先使用已经给出的特征。

UCI机器学习数据集仓库

加州大学欧文分校（UCI）维护了一个线上机器学习数据集仓库（在本书撰写时，它一共列出了233个数据集）。本章使用的Iris和Seeds数据集都是从那里获得的。该仓库可以在线上访问：http://archive.ics.uci.edu/ml/。

2.3.2　特征和特征工程

这些特征的一个有趣地方是，紧密度特征实际上并不是一个新的测量值，而是之前两个特征，面积和周长，所组成的函数。这个通用领域叫做特征工程（feature engineering）。人们有时认为它没有算法那样富有魅力，但它对系统性能也许有很大的影响（一个简单算法在精心选择的特征上的效果比一个漂亮算法在较差特征上的效果还要好）。

对这里，原作者计算了"紧密度"这个特征，这是一个典型的形状特征（也叫做"圆度"）。如果两个谷粒，一个的大小是另一个的两倍，但形状一样，那么这个特征将具有相同的值。然而，对于非常圆的谷粒（特征值接近1）和扁长的谷粒（特征值接近0），它的值会很不相同。

好特征的目标是在重要的地方取不同值，而在不重要的地方不变。例如，紧密度不会随大小而改变，但会随着形状而变化。在实践中，要同时完美地达到这两个目标可能很困难，但我们希望能够逼近这种理想情况。

你需要借助背景知识通过直觉来判断哪些是好特征。幸运的是，在很多问题领域，已经有很多文献介绍了可能用到的特征和特征类型。对于图像，之前提到的所有特征都是很典型的，计算机视觉库可以帮你计算出来。基于文本的问题也是如此，有很多标准的解决方案可以混合搭配。尽管，你通常可以利用特定问题中的领域知识来设计出一个特定的特征。

甚至在获取数据之前，你必须决定哪些数据值得收集。然后，你需要将所有的特征交给机器去评估和计算最优分类器。

一个很自然就会想到的问题是，我们能否自动地把好特征选取出来。这个问题叫做特征选择（feature selection）。人们已经提出了很多方法来解决这个问题，但在实践中，极简单的想法可能已经可以做得很好。在这些小数据集上使用特征选择没有什么意义，但是如果你有几千个特征，那扔掉其中大多数特征将会大大加快后续的流程。

2.3.3　最邻近分类

对于这个数据集，即使采用之前的方法只能把两个类区分出来，而且不能得到很好的结果。因此，让我们介绍一个新的分类器：最邻近分类器。

考虑到每个样本是由它的特征所表示的（用数学语言来讲，它是N维空间中的点），我们可以计算样本之间的距离，而且可以选择不同方法来计算这个距离，例如：

```
def distance(p0, p1):
  'Computes squared euclidean distance'
  return np.sum( (p0-p1)**2)
```

在分类的时候，我们采用一个简单的规则：对于一个新样本，我们在数据集中寻找最接近它的点（它最近的近邻），并查看它的标签：

```
def nn_classify(training_set, training_labels, new_example):
  dists = np.array([distance(t, new_example)
      for t in training_set])
  nearest = dists.argmin()
  return training_labels[nearest]
```

在这种情况下，我们的模型不使用任何训练数据及标签，就能在分类阶段计算出所有的结果。一个更好的实现方法是，在学习阶段对这些数据做索引，从而加速分类的计算，但这个实现是一个很复杂的算法。

现在，我们注意到这个模型在训练数据上表现得很完美。在每个数据点上，它的最近近邻就是它自己，所以它的标签一定完美匹配（除非两个样本具有相同的特征但标签不同，而这是可能发生的）。因此，采用交叉验证来进行测试是很必要的。

我们在这个数据集上应用这个算法，并进行10折交叉验证，可以得到88%的正确率。正如之前几节中讨论的，交叉验证正确率会低于训练正确率，但这是对模型性能更可靠的估计。

我们现在来看一下判别边界。对此，我们必须简化一下，只考虑两个维度（这样我们就可以把它画在纸上了）。

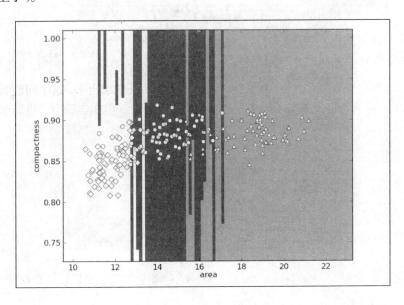

在前图中，Canadian样本是用菱形表示的，Kama种子是用圆圈表示的，Rosa种子是用三角形表示的。它们的区域分别用白色、黑色和灰色表示。你可能会对为何这些区域都是水平方向的感到疑惑，觉得这非常古怪。这里的问题在于，x轴（面积）的值域在10到22之间，而y轴（紧密度）在0.75到1.0之间。这意味着，x值的一小点改变实际上比y值的一小点变化大得多。所以，在用之前的函数计算距离的时候，我们多半只把x轴考虑进去了。

如果你了解一些物理学背景知识，你可能已经注意到我们已经把长度、面积和无量纲的量加了起来，把各种单位混合在一起了（我们从不会在物理系统中这样做）。我们需要把所有特征都归一化到一个公共尺度上。这个问题有很多解决方法，一个简单的方法是把它们归一到Z值（Z-score）。Z值表示的是特征值离它的平均值有多远，它用标准方差的数量来计算。它可以归结到以下这一对简单的操作上：

```
# 从特征值中减去特征的平均值
features -= features.mean(axis=0)
# 将特征值除以它的标准差
features /= features.std(axis=0)
```

转换为Z值之后，0就是平均值，正数是高于平均值的值，负数是低于平均值的值，它独立于原始值。

现在每个特征都采用了同样的单位（严格来说，每个特征现在都是无量纲的，它没有单位），因此我们可以更放心地混合不同维度的特征。事实上，如果现在运行最邻近分类器，我们可以得到94%的正确率！

再次看看这两个维度的决策空间，它如下图所示：

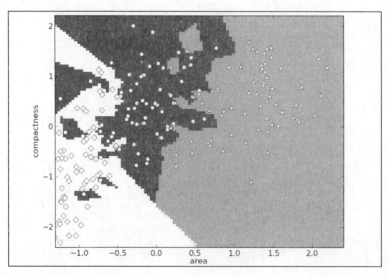

分界面变得非常复杂，而且在两个维度之间有一个相互交叉。如果使用数据全集，那么所有

这些都发生在七维空间中，它非常难以可视化地显示出来。但是道理是一样的：之前是少数维度占据统治地位，而现在所有维度都具有相同的重要性。

最邻近分类器虽然很简单，但有时它的效果已经足够好。我们可以把它泛化成一个k邻近分类器，不仅考虑最邻近的点，还要考虑前k个最邻近点。所有这k个邻近点通过投票方式来选择标签。k一般是一个小数字，比如5，但它也可以更大，特别是当数据规模非常大的时候。

2.4　二分类和多分类

我们看到的第一个分类器，阈值分类器，是一个简单的二类分类器（由于数据点不是高于阈值就是低于阈值，所以分类结果不是第一个类，就是第二个类）。我们用的第二个分类器，最邻近分类器，天然就是一个多类分类器（它的输出可以是多个类别中的一个）。

构建一个二分类方法通常要比构建一个解决多分类问题的方法更加简单。然而，我们可以将多分类问题细化成一系列二分决策。这就是之前我们在Iris数据集上顺带做出的；我们观察到，将原始类别中的一个类别分离出来很容易，我们需要专注于另外两个类别的区分，而这些可以退化成几个二分类决策。

❑ 它是山鸢尾花（Iris Setosa）品种吗（是或否）？
❑ 如果不是，那看它是否是维吉尼亚鸢尾花（Iris Virginica）品种（是或否）。

当然，我们希望把这类推理留给计算机。像往常一样，对于多类别的细化，有几种解决方案。

最简单的方法就是使用一系列的"一对多分类器"。对于每个可能的标签l，我们分别构建一个分类器，判断样本的标签"是l还是其他？"。当我们使用这个规则时，恰好其中一个分类器说"是"，那么我们的问题就得到了解决。不巧的是，这种情况并不总会发生，所以我们必须确定如何处理多个正类别的结果或多个负类别的结果。

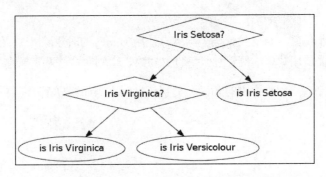

作为另外一种选择，我们还可以构建一个分类树。将每一个可能的标签分成两段，然后构建一个分类器判断"样本应该向左走还是向右走"。我们可以对标签递归地切分，直到得到一个单一标签。前面这幅图描绘了对Iris数据集用树进行推理的过程。每个菱形代表一个二类分类器。很容易想象到，我们可以把树扩展得更大，包含更多的判断条件。这意味着任何用于二分类问题的分类器都很容易处理任意个类别的多分类问题。

还有很多其他方法可以将一个二分类方法变为多分类方法。但并没有某一个方法在所有情况下都比其他方法明显好。不过，一般来说无论用哪一个，最终效果都不会差距太大。

大多数分类器都是二分类系统，而很多现实问题天然就是多类别的。通过一些简单方法，我们可以把多分类问题细化成一系列二分类决策，在多分类问题中使用二分类模型。

2.5　小结

从某种意义上说，这是很理论化的一章，因为我们用简单示例介绍了很多一般性概念。让我们重温一下在一个经典数据集上的处理过程。到现在为止，这只是一个规模很小的问题。然而，它的优点在于能让我们把它画出来，看到我们具体在做什么。当我们换一个维度高、样本多的问题时，这一优点就不见了。但我们在这里获得的直观认识依然是有效的。

分类意味着对样本进行归纳，从而构建出一个模型（这是一个能够自动对新的、未分类的数据进行分类的规则）。这是机器学习的一个基础工具，我们在后面的几章中将会看到更多的示例。

我们还学习到，对于模型效果，训练误差是一个有误导性的、过于乐观的估计。相反，我们必须使用未用于训练的测试数据来评估效果。为了在测试中不浪费过多的样本，交叉验证计划可以帮我们兼得两者的优势（以更多的计算作为代价）。

我们还探究了一下特征工程问题。特征并不是天生就为你预备的，但选择和设计特征却是设计机器学习流程的一个组成部分。事实上，这通常是一个能够获得最大正确率提升的地方，这是因为更好的特征数据往往可以击败更漂亮的方法。在计算机视觉和基于文本分类等章中，我们将看到具体问题的相应示例。

在本章中，我们编写了自己的代码（当然，使用NumPy的时候除外）。在后面几章中将不会这样，但我们仍然需要用简单示例建立一个直觉印象，来阐明这些基本概念。

下一章，我们来看当数据中没有预设的类别信息时应当如何处理。

第 3 章

聚类：寻找相关的帖子

在前一章中，我们已经学会确定每个数据点的类别或种类。通过少量训练数据及其对应的类别，我们训练出了能对未来数据进行分类的模型。我们把这叫做监督学习，这是因为学习过程是在老师的指导下完成的，这个老师就是数据的正确类别。

现在想象一下，当我们没有标签可以让分类模型去学习的时候，比如说可能是因为有标签的样本收集成本太高。在这种情况下，我们该怎么做呢？

好了，我们当然不可能学出一个分类模型，然而可以从数据本身找到一些模式。这就是在本章将要做的，在这里我们会应对来自于一个"问答"网站的挑战。当用户访问网站来寻找特定信息的时候，搜索引擎很可能会告诉他/她特定的答案。为了提升用户体验，我们想列出所有与该答案相关的问题。如果列出的答案并不是他/她想要的，他/她就会去看其他的答案，并有希望一直留在我们的网站上。

一个朴素的方法是计算一个帖子和其他所有帖子的相似度，然后将前N个最相似的帖子以链接的形式展现在页面上。这很快就会变得十分耗时。因此，我们需要一个寻找相关帖子的快速方法。

本章，我们会通过聚类来实现这个目标。这是一种安置数据项的方法，使相似的数据项处于同一个簇中，不相似的数据项分在不同的簇里。我们需要处理的第一件棘手事情，就是如何将文本转化成一种形式，使我们可以基于它进行相似度的计算。在有了这样一个相似度度量方法之后，我们将继续研究如何利用它来快速得到包含相似帖子的簇。一旦完成，我们只需要查看那些属于同一簇的文档。为达到这个目的，我们将会介绍一个神器：Scikit库。它包含多种多样的机器学习方法，我们在后面一些章中仍会用到。

3.1　评估帖子的关联性

从机器学习角度来看，原始文本的用处并不大。只有当我们把它转换为有意义的数值，才能传入机器学习算法，例如聚类。对文本的其他一般性操作，如相似性衡量，也与此类似。

3.1.1 不应该怎样

有一种文本相似性的衡量方式叫做Levenshtein距离，又叫做编辑距离。假设我们有两个单词："machine"和"mchiene"。它们之间的相似度可以表示成将一个单词转换为另一个单词所需要的最少的必要编辑次数。在这个例子里，编辑距离是2，因为我们可以在"m"后面加一个"a"，并删掉第一个"e"。然而，这个算法比较耗时，它的运行时间受限于两个单词长度的乘积。

看看要处理的帖子，我们可以将整个单词看成字符，并在词语粒度上进行编辑距离计算。假设我们有两个帖子（为了简单起见，我们只考虑帖子的标题）——"How to format my hard disk"和"Hard disk format problems"；我们得到编辑距离6（删除"how""to""format""my"，然后在末尾加上"format"和"problems"）。因此，我们可以把两个帖子的差距表达为，把一段文本转化为另一段所需要增加或删除的词语个数。尽管这样可以使整个方法的速度提升不小，但时间复杂度依然是一样的。

即使它的运行速度已经足够快了，还有另外一个问题："format"这个单词本来出现在了"hard disk"前面，修改后出现在了"hard disk"后面，所以它的编辑距离为2（先把这个词删掉，再把它加上）。因此我们定义的距离似乎还不够稳健，它没有把词语的重新排列考虑进去。

3.1.2 应该怎样

有一个比编辑距离更为健壮的方法叫做词袋（bag-of-word）方法。它基于简单的词频统计；对每一个帖子中的词语，将它的出现次数记录下来并表示成一个向量。毫无疑问，这一步也叫做向量化。这里的向量通常很庞大，这是因为它包含的元素个数，跟出现在整个数据集中的词语数目一样多。考虑上述两个示例帖子，下面是词频统计：

词　语	帖子1中的出现次数	帖子2中的出现次数
disk	1	1
format	1	1
how	1	0
hard	1	1
my	1	0
problems	0	1
to	1	0

现在可以把帖子1和帖子2这两列看做两个简单向量。我们简单地计算所有帖子向量之间的欧氏距离，并选出最近的一个帖子（速度很慢，正如之前发现的那样）。同样，我们之后可以把它们当做特征向量在以下聚类步骤中使用。

(1) 对每个帖子提取重要特征，并针对每个帖子存储为一个向量。

(2) 在这些向量上进行聚类计算。

(3) 确定每个待聚类帖子所在的簇。

(4) 对每个簇，获取几个与待聚类帖子不同的帖子。这样可以提升多样性。

然而，在进行上述操作之前我们还有很多工作要做，而在做这些工作之前，我们需要一些数据。

3.2　预处理：用相近的公共词语个数来衡量相似性

正像我们之前看到的那样，词袋方法既快捷又稳健。然而，它也不是没有问题，让我们深入看一下。

3.2.1　将原始文本转化为词袋

我们根本无需编写特别的代码来统计词语个数，并把词频表示成向量。Scikit的CountVectorizer可以很高效地做好这部分工作。它还有一个非常方便的接口。Scikit的函数和类可以通过sklearn包引入进来，如下所示：

```
>>> from sklearn.feature_extraction.text import CountVectorizer
>>> vectorizer = CountVectorizer(min_df=1)
```

参数min_df决定了CountVectorizer如何处理那些不经常使用的词语（最小文档频率）。如果将它设成一个整数，那么所有出现次数小于这个值的词语都将被扔掉。如果它是一个比例，那么所有在整个数据集中出现比例小于这个值的词语都将被扔掉。参数max_df的功能与此类似。如果我们把实例的内容打印出来，我们会看到Scikit提供的其他参数及其默认值：

```
>>> print(vectorizer)
CountVectorizer(analyzer=word, binary=False, charset=utf-8,
charset_error=strict, dtype=<type 'long'>, input=content,
lowercase=True, max_df=1.0, max_features=None, max_n=None,
min_df=1, min_n=None, ngram_range=(1, 1), preprocessor=None,
stop_words=None, strip_accents=None, token_pattern=(?u)\b\w\w+\b,
tokenizer=None, vocabulary=None)
```

我们会看到，正如所预期的那样，词频统计是在词语粒度上完成的（analyzer=word），而所有词语都是用正则表达模式token_pattern确定下来的。例如，它会将"cross-validated"切分成"cross"和"validated"这两个词。我们现在先忽略其他参数。

```
>>> content = ["How to format my hard disk", " Hard disk format
problems "]
>>> X = vectorizer.fit_transform(content)
>>> vectorizer.get_feature_names()
[u'disk', u'format', u'hard', u'how', u'my', u'problems', u'to']
```

这个向量化处理器检测到了7个词语，我们分别获取了它们的出现次数：

```
>>> print(X.toarray().transpose())
array([[1, 1],
       [1, 1],
       [1, 1],
       [1, 0],
       [1, 0],
       [0, 1],
       [1, 0]], dtype=int64)
```

这意味着，第一句中把除"problems"外的其他词语都包括进来了，而第二句中含有除"how""my"和"to"以外的其他词语。事实上，这跟前面表中对应列的内容一模一样。从X中我们可以提取出特征向量，来比较两个文档之间的相似度。

首先我们从一个朴素的方法开始，指出一些必须考虑的预处理特性。我们随便挑选了一个帖子，然后用它创建一个词频向量。我们比较它和其他所有词频向量的距离，然后获取距离最小的那个帖子。

3.2.2　统计词语

让我们对一个简单数据集进行实验，它包括下面这些帖子：

帖子文件名	帖子内容
01.txt	This is a toy post about machine learning. Actually, it contains not much interesting stuff.
02.txt	Imaging databases can get huge.
03.txt	Most imaging databases safe images permanently.
04.txt	Imaging databases store images.
05.txt	Imaging databases store images. Imaging databases store images. Imaging databases store images.

在这个帖子数据集中，我们想要找到和短帖子"imaging database"最相近的帖子。

假设这些帖子存放在目录DIR下，我们可以按如下方法把它传给CountVectorizer：

```
>>> posts = [open(os.path.join(DIR, f)).read() for f in
os.listdir(DIR)]
>>> from sklearn.feature_extraction.text import CountVectorizer
>>> vectorizer = CountVectorizer(min_df=1)
```

我们需要告诉这个向量化处理器整个数据集的信息，使它可以预先知道都有哪些词语，如下列代码所示：

```
>>> X_train = vectorizer.fit_transform(posts)

>>> num_samples, num_features = X_train.shape

>>> print("#samples: %d, #features: %d" % (num_samples,
num_features)) #samples: 5, #features: 25
```

不出所料，5个帖子中总共包含了25个不同的词语。接下来，我们要统计下面这些切分出的词语：

```
>>> print(vectorizer.get_feature_names())
[u'about', u'actually', u'capabilities', u'contains', u'data',
u'databases', u'images', u'imaging', u'interesting', u'is', u'it',
u'learning', u'machine', u'most', u'much', u'not', u'permanently',
u'post', u'provide', u'safe', u'storage', u'store', u'stuff',
u'this', u'toy']
```

现在可以对新帖子进行向量化，如下所示：

```
>>> new_post = "imaging databases"
>>> new_post_vec = vectorizer.transform([new_post])
```

注意，由transform方法返回的词频向量是很稀疏的。这个是说，由于大多数统计值都是0（帖子不包含某个词），在每个向量中并没有为每个词语都存储一个统计值。相反，它使用了高效内存的实现方式coo_matrix（对应“COOrdinate”）。例如，我们的新帖子中只包含两个元素：

```
>>> print(new_post_vec)
  (0, 7)1
  (0, 5)1
```

通过成员函数toarray()可以访问到ndarray的全部内容，如下所示：

```
>>> print(new_post_vec.toarray())
[[0 0 0 0 0 1 0 1 0 0 0 0 0 0 0 0 0 0 0 0 0 0 0 0 0]]
```

如果要把数组当做向量进行相似度计算，我们就需要使用数组的全部元素。通过相似度的衡量方法（朴素方法），我们计算新帖子和其他所有老帖子的词频向量之间的欧氏距离，如下所示：

```
>>> import scipy as sp
>>> def dist_raw(v1, v2):
>>> delta = v1-v2
>>> return sp.linalg.norm(delta.toarray())
```

norm()函数用于计算欧几里得范数（最小距离）。只需要用dist_raw遍历所有帖子，并记录最相近的一个：

```
>>> import sys
>>> best_doc = None
>>> best_dist = sys.maxint
>>> best_i = None
>>> for i in range(0, num_samples):
...     post = posts[i]

...     if post==new_post:
...         continue
...     post_vec = X_train.getrow(i)
...     d = dist(post_vec, new_post_vec)
...     print "=== Post %i with dist=%.2f: %s"%(i, d, post)
```

```
...        if d<best_dist:
...            best_dist = d
...            best_i = i
>>> print("Best post is %i with dist=%.2f"%(best_i, best_dist))

=== Post 0 with dist=4.00: This is a toy post about machine learning.
Actually, it contains not much interesting stuff.
=== Post 1 with dist=1.73: Imaging databases provide storage
capabilities.
=== Post 2 with dist=2.00: Most imaging databases safe images
permanently.
=== Post 3 with dist=1.41: Imaging databases store data.
=== Post 4 with dist=5.10: Imaging databases store data. Imaging
databases store data. Imaging databases
Best post is 3 with dist=1.41
```

恭喜你！我们有了第一个相似度衡量方法。帖子0是和新帖子最不相似的一个。这一点可以理解，因为它和新帖子没有任何公共词语。我们还可以看到帖子1和新帖子是非常相似的，但并不是最相似的，因为它比帖子3多包含了1个未出现在新帖子中的词语。

然而，看看帖子3和帖子4，情况并不是那么清晰。帖子4和帖子3的内容一样，但重复了3遍。所以，它与新帖子的相似度应该和帖子3是一样的。

通过打印出相应的特征向量来解释一下原因：

```
>>> print(X_train.getrow(3).toarray())
[[0 0 0 0 1 1 0 1 0 0 0 0 0 0 0 0 0 0 0 0 1 0 0 0]]
>>> print(X_train.getrow(4).toarray())
[[0 0 0 0 3 3 0 3 0 0 0 0 0 0 0 0 0 0 0 0 3 0 0 0]]
```

很明显，只使用原始词语的词频统计这种方式过于简单了。我们需要对它们进行归一化，得到单位长度为1的向量。

3.2.3　词语频次向量的归一化

我们需要对dist_raw进行扩展，来计算向量的距离。这不是在原始向量上进行，而是在归一化后的向量上进行。

```
>>> def dist_norm(v1, v2):
...     v1_normalized = v1/sp.linalg.norm(v1.toarray())
...     v2_normalized = v2/sp.linalg.norm(v2.toarray())
...     delta = v1_normalized - v2_normalized
...     return sp.linalg.norm(delta.toarray())
```

由此可得出如下相似度计算结果：

```
=== Post 0 with dist=1.41: This is a toy post about machine learning.
Actually, it contains not much interesting stuff.
=== Post 1 with dist=0.86: Imaging databases provide storage
```

```
capabilities.
=== Post 2 with dist=0.92: Most imaging databases safe images
permanently.
=== Post 3 with dist=0.77: Imaging databases store data.
=== Post 4 with dist=0.77: Imaging databases store data. Imaging
databases store data. Imaging databases store data.
Best post is 3 with dist=0.77
```

这样看起来好一些了。帖子3和帖子4具有了相同的相似度。有人可能会争论，重复过多是否依然能让读者感到愉快，但从词频统计的角度来说，这看起来是正确的。

3.2.4　删除不重要的词语

让我们再来看看帖子2。不包含在新帖中子的词语有"most""safe""images"和"permanently"。事实上它们在帖子中的重要性并不相同。像"most"这样的词语经常出现在各种不同的文本中，这种词叫做停用词。它们并未承载很多信息量，因此不应该给予像"images"这样不经常出现在各种文本中的词语一样的权重。最佳的选择是删除所有这样的高频词语，因为它们对于区分文本并没有多大帮助。

由于这是文本处理中的一个常见步骤，因此在CountVectorizer中有一个简单的参数可以完成这个任务，如下所示：

```
>>> vectorizer = CountVectorizer(min_df=1, stop_words='english')
```

如果清楚地知道要删除什么类型的停用词，你还可以传入一个停用词列表。倘若设置stop_words为"english"，那么将会使用一个包含318单词的英文停用词表。要弄清它们具体是哪些词语，你可以使用get_stop_words()函数：

```
>>> sorted(vectorizer.get_stop_words())[0:20]
['a', 'about', 'above', 'across', 'after', 'afterwards', 'again',
'against', 'all', 'almost', 'alone', 'along', 'already', 'also',
'although', 'always', 'am', 'among', 'amongst', 'amoungst']
```

这样，新的词语列表就减少了7个词语：

```
[u'actually', u'capabilities', u'contains', u'data', u'databases',
u'images', u'imaging', u'interesting', u'learning', u'machine',
u'permanently', u'post', u'provide', u'safe', u'storage', u'store',
u'stuff', u'toy']
```

在没有停用词的情况下，我们可以得到以下相似度测量值：

```
=== Post 0 with dist=1.41: This is a toy post about machine learning.
Actually, it contains not much interesting stuff.
=== Post 1 with dist=0.86: Imaging databases provide storage
capabilities.
=== Post 2 with dist=0.86: Most imaging databases safe images
permanently.
```

```
=== Post 3 with dist=0.77: Imaging databases store data.
=== Post 4 with dist=0.77: Imaging databases store data. Imaging
databases store data. Imaging databases store data.
Best post is 3 with dist=0.77
```

帖子2现在与帖子1旗鼓相当。综合来说，效果并没有明显的改变，这是因为出于演示的目的，我们的帖子都很短。但如果我们使用真实数据，那这将会变得非常重要。

3.2.5　词干处理

有一件事情需要注意，那就是，我们把语义类似但形式不同的词语当做了不同的词进行统计。例如，帖子2包含"imaging"和"images"。如果把它们放在一起统计，就会更有道理。毕竟，它们指向的是同一个概念。

我们需要一个函数将词语归约到特定的词干形式。Scikit并没有默认的词干处理器。我们可以通过自然语言处理工具包（NLTK）下载一个免费的软件工具包。它提供了一个很容易嵌入CountVectorizer的词干处理器。

1. 安装和使用NLTK

http://nltk.org/install.html中详细介绍了如何在操作系统中安装NLTK。总的来说，你需要安装两个程序包NLTK和PyYAML。

如果要检查自己的安装是否成功，那么需要打开一个Python解释器并键入如下命令：

```
>>> import nltk
```

> 你可以在*Python Text Processing with NLTK 2.0 Cookbook*中找到一个很棒的NLTK教程。要想试验一下词干处理器，你可以访问本书的网址http://text-processing.com/demo/stem/ 。

NLTK中有各种不同的词干处理器。这是很必要的，因为每种语言都有一些不同的词干处理规则。对于英语，我们可以使用SnowballStemmer。

```
>>> import nltk.stem
>>> s= nltk.stem.SnowballStemmer('english')
>>> s.stem("graphics")
u'graphic'
>>> s.stem("imaging")
u'imag'
>>> s.stem("image")
u'imag'
>>> s.stem("imagination")u'imagin'
>>> s.stem("imagine")
u'imagin'
```

词干处理的结果并不一定是有效的英文单词。

它也可以处理动词，如下所示：

```
>>> s.stem("buys")
u'buy'
>>> s.stem("buying")
u'buy'
>>> s.stem("bought")
u'bought'
```

2. 用NLTK词干处理器拓展词向量

在把帖子传入CountVectorizer之前，我们需要对它们进行词干处理。该类提供了几种钩子，我们可以用它们定制预处理和词语切分阶段的操作。预处理器和词语切分器可以当做参数传入构造函数。我们并不想把词干处理器放入它们任何一个当中，因为那样的话，之后我们还需要亲自对词语进行切分和归一化。相反，我们可以通过改写build_analyzer方法来实现，如下所示：

```
>>> import nltk.stem
>>> english_stemmer = nltk.stem.SnowballStemmer('english')
>>> class StemmedCountVectorizer(CountVectorizer):
...     def build_analyzer(self):
...         analyzer = super(StemmedCountVectorizer, self).build_analyzer()
...         return lambda doc: (english_stemmer.stem(w) for w in analyzer(doc))
>>> vectorizer = StemmedCountVectorizer(min_df=1, stop_words='english')
```

按照如下步骤对每个帖子进行处理：

(1) 在预处理阶段将原始帖子变成小写字母形式（这在父类中完成）；
(2) 在词语切分阶段提取所有单词（这在父类中完成）；
(3) 将每个词语转换成词干形式。

结果中减少了一个特征，这是因为"images"和"imaging"合并成了一个。特征名称集合如下所示：

```
[u'actual', u'capabl', u'contain', u'data', u'databas', u'imag',
u'interest', u'learn', u'machin', u'perman', u'post', u'provid',
u'safe', u'storag', u'store', u'stuff', u'toy']
```

我们运行这个经过词干处理的向量化处理器之后会发现，"imaging"与"images"的合并揭示出事实上帖子2是与新帖子最接近的，因为它们运用了两次概念"imag"：

```
=== Post 0 with dist=1.41: This is a toy post about machine learning.
Actually, it contains not much interesting stuff.
```

```
=== Post 1 with dist=0.86: Imaging databases provide storage
capabilities.
=== Post 2 with dist=0.63: Most imaging databases safe images
permanently.
=== Post 3 with dist=0.77: Imaging databases store data.
=== Post 4 with dist=0.77: Imaging databases store data. Imaging
databases store data. Imaging databases store data.
Best post is 2 with dist=0.63
```

3.2.6　停用词兴奋剂

现在我们有了一个合理的方式，从充满噪声的文本帖子中提取紧凑的向量。让我们回过头来考虑一下这些特征的具体含义是什么。

特征值就是词语在帖子中出现的次数。我们默默地假定较大的特征值意味着这个词语对帖子更为重要。但是诸如“subject”这样的在每个帖子中都出现的词语是怎么回事呢？好吧，我们可以通过max_df参数让CountVectorizer把它也删掉。例如，我们可以将它设为0.9，那么所有出现在超过90%的帖子中的词语将会被忽略掉。但是出现在89%的帖子中的词语怎么办呢？我们要把max_df设得多低呢？这里的问题在于，虽然我们设置了一个参数，但总会遇到这样的问题：一些词语正好要比其他词语更具有区分性。

这只能通过统计每个帖子的词频，并且对出现在多个帖子中的词语在权重上打折扣来解决。换句话说，当某个词语经常出现在一些特定帖子中，而在其他地方很少出现的时候，我们会赋予该词语较高的权值。

这正是词频-反转文档频率（TF-IDF）所要做的；TF代表统计部分，而IDF把权重折扣考虑了进去。一个简单的操作如下所示：

```
>>> import scipy as sp
>>> def tfidf(term, doc, docset):
...     tf = float(doc.count(term))/sum(doc.count(w) for w in docset)
...     idf = math.log(float(len(docset))/(len([doc for doc in docset
          if term in doc])))
...     return tf * idf
```

在下列文档集合docset（包含三个文档并且已经进行过词语切分）中，我们可以看到这些词语已经被区别对待，尽管它们在每篇文档中都等频率出现。

```
>>> a, abb, abc = ["a"], ["a", "b", "b"], ["a", "b", "c"]

>>> D = [a, abb, abc]

>>> print(tfidf("a", a, D))

0.0
```

```
>>> print(tfidf("b", abb, D))
```

0.270310072072

```
>>> print(tfidf("a", abc, D))
```

0.0

```
>>> print(tfidf("b", abc, D))
```

0.135155036036

```
>>> print(tfidf("c", abc, D))
```

0.366204096223

显而易见，a几乎无处不在，所以它在任何文档中都没有什么实际意义。相对于文档abc，b对文档abb更为重要，因为它在abb中出现了两次。

在现实场景中，还有比上述例子更多的边角情况需要处理。感谢Scikit，我们并不需要考虑这些问题，因为它们已经很好地把它们封装在TfidfVectorizer（继承自CountVectorizer）里了。毫无疑问，我们不想错过我们的词干处理器。

```
>>> from sklearn.feature_extraction.text import TfidfVectorizer
>>> class StemmedTfidfVectorizer(TfidfVectorizer):
...     def build_analyzer(self):
...         analyzer = super(TfidfVectorizer,
                             self).build_analyzer()
...         return lambda doc: (
                 english_stemmer.stem(w) for w in analyzer(doc))
>>> vectorizer = StemmedTfidfVectorizer(min_df=1,
                     stop_words='english', charset_error='ignore')
```

进行这些操作后，我们得到的文档向量不会再包含词语统计值。相反，它会包含每个词语的TF-IDF值。

3.2.7　我们的成果和目标

我们现在的文本预处理过程包含以下步骤：

(1) 切分文本；
(2) 扔掉出现过于频繁，而又对检测相关帖子没有帮助的词语；
(3) 扔掉出现频率很低，只有很小可能出现在未来帖子中的词语；
(4) 统计剩余的词语；
(5) 考虑整个语料集合，从词频统计中计算TF-IDF值。

再次恭喜自己。通过这个过程，我们将一堆充满噪声的文本转换成了一个简明的特征表示。

　　然而，虽然词袋模型及其扩展简单有效，但仍然有一些缺点需要我们注意。这些缺点如下所示。

- □ 它并不涵盖词语之间的关联关系。采用之前的向量化方法，文本 "Car hits wall" 和 "Wall hits car" 会具有相同的特征向量。
- □ 它没法正确捕捉否定关系。例如，文本 "I will eat ice cream" 和 "I will not eat ice cream"，尽管它们的意思截然相反，但从特征向量来看它们非常相似。这个问题其实很容易解决，只需要既统计单个词语（又叫unigrams），又考虑bigrams（成对的词语）或者trigrams（一行中的三个词语）即可。
- □ 对于拼写错误的词语会处理失败。尽管读者能够很清楚地意识到 "database" 和 "databas" 传递了相同的意思，但是我们的方法却把它们当做完全不同的词语。

　　为简单起见，我们仍然使用现有的方法，由此现在可以高效地构建聚类簇了。

3.3　聚类

　　最后，我们得到了特征向量，我们相信它足以捕捉到帖子的特征。有很多方法可以把帖子聚合分组，这并不奇怪。多数聚类算法都属于下面两个方法之一：扁平和层次聚类。

　　扁平聚类会将帖子分成一系列相互之间没有关联的簇。它的目标是通过一个划分，使一个簇中的帖子相互之间非常相似，而所有不同簇中的帖子很不相似。很多扁平聚类算法需要预先指定簇的个数。

　　在层次聚类中，并不需要指定簇的个数。相反，层次聚类可以构造出簇之间的层次关系。在相似帖子类聚到一个簇中的同时，相似的簇将会进一步聚到一个超级簇中。这个步骤递归下去，直到只剩下一个簇，它包含了所有东西。在层次结构中，人们可以选择所需要的簇的个数。但这样会降低效率。

　　Scikit在sklearn.cluster包中提供了范围广泛的聚类方法。你可以在http://scikit-learn.org/dev/modules/clustering.html快速浏览它们的优缺点。

　　接下来，我们将会使用扁平聚类方法K均值，并试验一下所需的簇个数。

3.3.1　K 均值

　　K均值是应用最广泛的一个扁平聚类算法。当使用所需的簇个数num_clusters进行初始化之后，该算法把这个值作为簇质心的数目。起初，它选出任意num_clusters个帖子，并将它们的特征向量作为这些簇的质心。然后它遍历其他所有帖子，并将离它们最近的质心所在的簇分配给它们。再次，它将每个质心移向该簇中所有特征向量的中心点。当然，这将会改变簇的分配。

一些帖子现在距离另一个簇更近了。因此该算法将会更新这些帖子的簇分配。只要质心移动相当一段距离，就可以做到这一点。经过一定的迭代，当移动量低于一定阈值的时候，我们就认为聚类已经收敛了。

下载示例代码

如果你是通过 http://www.packtpub.com 的注册账户购买的图书，你可以从该账户中下载你购买过的所有Packt图书的示例代码。如果你是从其他地方购买的本书，你可以访问 http://www.packtpub.com/support 并进行注册，我们将会给你发送一封附有示例代码文件的电子邮件。

让我们通过一个简单的例子来验证这个算法，这个例子包含只有两个词语的帖子。下图中的每个数据点都代表了一个文档：

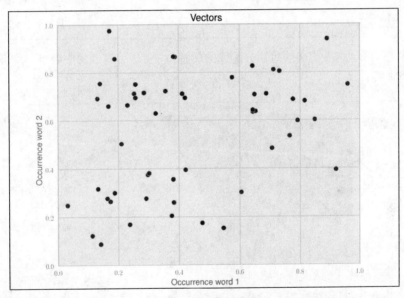

经过一次K均值迭代之后，以任意两个向量作为起始点，将标签赋予余下的样本，然后更新簇的中心，使之成为该簇中所有数据点的中心点，我们得到以下聚类：

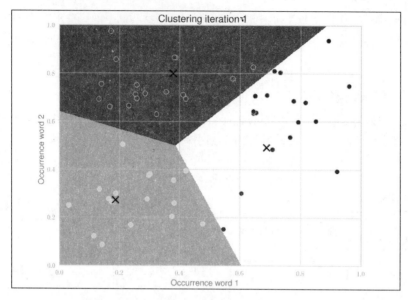

由于簇中心的移动，我们必须重新分配簇的标签，并重新计算簇的中心点。在第二轮迭代之后，得到以下聚类：

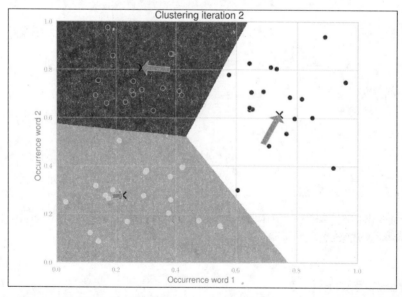

箭头显示了簇中心的移动。在这个例子中，经过5轮迭代，簇中心点不再显著移动（Scikit的默认容许阈值是0.000 1）。

在聚类停当之后，我们只需要记录下簇中心及其标识。当每个新文档进来的时候，我们对它进行向量化，并与所有的簇中心进行比较。我们得到与新帖向量距离最小的簇中心所在的簇，然后把这个簇分配给该新帖子。

3.3.2 让测试数据评估我们的想法

为了测试聚类效果，让我们抛开这个简单的文本示例，寻找一个可以模拟所期待的能够测试我们方法的数据集。为此，我们需要一些已经类聚好的关于技术话题的文档。这样，之后我们在得到的帖子上应用算法时，就可以检验算法的效果是否符合预期。

20newsgroup数据集是机器学习中的一个标准数据集。它包含18 286个帖子，来自于20个不同的新闻组。在这些新闻组的话题中，有的是技术话题，如comp.sys.mac.hardware或sci.crypt，有的是政治话题或和宗教相关话题，如talk.politics.guns或soc.religion.christian。我们把范围限制在技术话题的新闻组中。如果我们假定每个新闻组是一个簇，那么很容易测试出我们寻找相关帖子的方法是否有效。

这个数据集可以从http://people.csail.mit.edu/jrennie/20Newsgroups下载。而更简单的方式是从MLComp（http://mlcomp.org/datasets/379）下载（需要免费注册）。Scikit已经包含了定制的读取器来读取这个数据集，并提供了非常方便的读取选项。

这个数据集是用ZIP文件形式存放的：dataset-379-20news-18828_WJQIG.zip。我们需要解压得到文件夹379，它包含这个数据集。我们还要告诉Scikit数据目录的路径。它包含一个原信息文件和3个目录：test、train和raw。测试和训练目录将整个数据集切分成60%的训练和40%的测试帖子。为方便起见，dataset模块还包含了函数fetch_20newsgroups，它将数据下载到预期目录中。

> http://mlcomp.org是一个用于在多种数据集上比较机器学习算法程序的网站。它有两个目的：找到正确的数据集来调优机器学习程序，以及探究其他人如何使用某个特定的数据集。例如，你可以看到他人的算法在特定数据集上的效果，并与之比较。

在读取数据集的时候，可以设置环境变量MLCOMP_DATASETS_HOME，或者通过mlcomp_root参数直接指定路径，如下所示：

```
>>> import sklearn.datasets
>>> MLCOMP_DIR = r"D:\data"
>>> data = sklearn.datasets.load_mlcomp("20news-18828", mlcomp_root=MLCOMP_DIR)
>>> print(data.filenames)
array(['D:\\data\\379\\raw\\comp.graphics\\1190-38614',
       'D:\\data\\379\\raw\\comp.graphics\\1383-38616',
       'D:\\data\\379\\raw\\alt.atheism\\487-53344',
       ...,
       'D:\\data\\379\\raw\\rec.sport.hockey\\10215-54303',
```

```
        'D:\\data\\379\\raw\\sci.crypt\\10799-15660',
        'D:\\data\\379\\raw\\comp.os.ms-windows.misc\\2732-10871'],
    dtype='|S68')
>>> print(len(data.filenames))
18828
>>> data.target_names
['alt.atheism', 'comp.graphics', 'comp.os.ms-windows.misc',
'comp.sys.ibm.pc.hardware', 'comp.sys.mac.hardware', 'comp.windows.x',
'misc.forsale', 'rec.autos', 'rec.motorcycles', 'rec.sport.baseball',
'rec.sport.hockey', 'sci.crypt', 'sci.electronics', 'sci.med', sci.space',
'soc.religion.christian', 'talk.politics.guns', 'talk.politics.mideast',
'talk.politics.misc', 'talk.religion.misc']
```

我们可以在训练和测试集合中进行选取，如下所示：

```
>>> train_data = sklearn.datasets.load_mlcomp("20news-18828", "train",
mlcomp_root=MLCOMP_DIR)
>>> print(len(train_data.filenames))
13180
>>> test_data = sklearn.datasets.load_mlcomp("20news-18828",
"test", mlcomp_root=MLCOMP_DIR)
>>> print(len(test_data.filenames))
5648
```

为方便起见，我们把范围限制在某些新闻组中，使整个实验流程更短。我们可以通过
categories参数实现这一点：

```
>>> groups = ['comp.graphics', 'comp.os.ms-windows.misc', 'comp.sys.
ibm.pc.hardware', 'comp.sys.ma c.hardware', 'comp.windows.x', 'sci.
space']
>>> train_data = sklearn.datasets.load_mlcomp("20news-18828", "train",
mlcomp_root=MLCOMP_DIR, categories=groups)
>>> print(len(train_data.filenames))
3414
```

3.3.3   对帖子聚类

你肯定已经注意到了一件事——真实数据含有很多噪声。新闻组数据也不例外。它甚至包含
了不合法的字符，这会导致UnicodeDecodeError。

我们必须要让向量化处理器忽略它们：

```
>>> vectorizer = StemmedTfidfVectorizer(min_df=10, max_df=0.5,
...                stop_words='english', charset_error='ignore')
>>> vectorized = vectorizer.fit_transform(dataset.data)
>>> num_samples, num_features = vectorized.shape
>>> print("#samples: %d, #features: %d" % (num_samples, num_features))
#samples: 3414, #features: 4331
```

我们现在有一个大小为3414的帖子池，每个帖子的特征向量的维度是4331。这些就是K均值
算法的输入。本章中我们把簇的大小固定在50。希望你可以带着好奇心去尝试不同的值，把它当

做一个练习。如下列代码所示：

```
>>> num_clusters = 50
>>> from sklearn.cluster import KMeans
>>> km = KMeans(n_clusters=num_clusters, init='random', n_init=1,
verbose=1)
>>> km.fit(vectorized)
```

就是这样。在拟合之后，我们可以从km的成员变量中获得聚类信息。针对每个拟合过的帖子向量，km.labels_都给出了一个对应的整数标签：

```
>>> km.labels_
array([33, 22, 17, ..., 14, 11, 39])
>>> km.labels_.shape
(3414,)
```

簇的中心可以通过km.cluster_centers_访问。

在下一节中我们将会学习如何通过km.predict给新来的帖子分配一个簇。

3.4 解决我们最初的难题

现在综合前面所学到的知识，通过下面这个新帖子（分配给变量new_post）来演示一下我们的系统。

Disk drive problems. Hi, I have a problem with my hard disk.

After 1 year it is working only sporadically now.

I tried to format it, but now it doesn't boot any more.

Any ideas? Thanks.

如前所述，在预测标签之前先把这个帖子向量化，如下：

```
>>> new_post_vec = vectorizer.transform([new_post])
>>> new_post_label = km.predict(new_post_vec)[0]
```

既然有了聚类信息，我们并不需要用new_post_vec和所有帖子的向量进行比较。相反，我们只需要专注于同一个簇中的帖子。让我们从原始数据集中取出它们的索引。

```
>>> similar_indices = (km.labels_==new_post_label).nonzero()[0]
```

括号中的比较操作可以得到一个布尔型数组，nonzero将这个数组转化为一个更小的数组，它包含True元素的索引。

然后使用similar_indeces简单地构建一个帖子列表，以及它们的相似度分值，如下所示：

```
>>> similar = []
>>> for i in similar_indices:
```

```
...        dist = sp.linalg.norm((new_post_vec - vectorized[i]).toarray())
...        similar.append((dist, dataset.data[i]))
>>> similar = sorted(similar)
>>> print(len(similar))
44
```

我们发现簇中有44个帖子。为了尽快给用户一个直观印象，告诉他们相似帖子是什么样子的，我们把最相似的帖子（show_at_1），最不相似的帖子（show_at_3），以及它们之间的帖子（show_at_2）呈现出来。它们都来自于同一个簇，如下所示：

```
>>> show_at_1 = similar[0]
>>> show_at_2 = similar[len(similar)/2]
>>> show_at_3 = similar[-1]
```

下面这个表显示了这些帖子以及它们的相似值：

位置	相似度	帖子节选
1	1.018	BOOT PROBLEM with IDE controller
		Hi,
		I've got a Multi I/O card (IDE controller + serial/parallel interface) and two floppy drives (5 1/4, 3 1/2) and a Quantum ProDrive 80AT connected to it. I was able to format the hard disk, but I could not boot from it. I can boot from drive A: (which disk drive does not matter) but if I remove the disk from drive A and press the reset switch, the LED of drive A: continues to glow, and the hard disk is not accessed at all. I guess this must be a problem of either the Multi I/o card\nor floppy disk drive settings (jumper configuration?) Does someone have any hint what could be the reason for it. [...]
2	1.294	IDE Cable
		I just bought a new IDE hard drive for my system to go with the one I already had. My problem is this. My system only had a IDE cable for one drive, so I had to buy cable with two drive connectors on it, and consequently have to switch cables. The problem is, the new hard drive\'s manual refers to matching pin 1 on the cable with both pin 1 on the drive itself and pin 1 on the IDE card. But for the life of me I cannot figure out how to tell which way to plug in the cable to align these. Secondly, the cable has like a connector at two ends and one between them. I figure one end goes in the controller and then the other two go into the drives. Does it matter which I plug into the "master" drive and which into the "Slave"? any help appreciated [...]
3	1.375	Conner CP3204F info please
		How to change the cluster size Wondering if somebody could tell me if we can change the cluster size of my IDE drive. Normally I can do it with Norton's Calibrat on MFM/RLL drives but dunno if I can on IDE too. [...]

这些帖子是如何反映出相似度分值的，是一件挺有趣的事情。第一个帖子包含所有出现在新帖子中的重要词语。第二个也是围绕硬盘来说的，但它缺少诸如格式化这样的概念。最后，第三个帖子只有一点关联性。然而，我们可以说，这三个帖子跟新帖子都属于同一个领域。

换个角度看噪声

我们不应期待完美的聚类。从某种意义上说，这是指，隶属于同一新闻组的帖子（例如，comp.graphics）聚类到了一起。对于我们不得不面对的噪声，有一个例子可以快速地给我们一个直观印象：

```
>>> post_group = zip(dataset.data, dataset.target)
>>> z = (len(post[0]), post[0], dataset.target_names[post[1]]) for
post in post_group
>>> print(sorted(z)[5:7])
[(107, 'From: "kwansik kim" <kkim@cs.indiana.edu>\nSubject: Where
is FAQ ?\n\nWhere can I find it ?\n\nThanks, Kwansik\n\n', 'comp.
graphics'), (110, 'From: lioness@maple.circa.ufl.edu\nSubject: What is
3dO?\n\nSomeone please fill me in on what 3do.\n\nThanks,\n\nBH\n',
'comp.graphics')]
```

对这两个帖子，若只考虑经过预处理步骤的词语的话，这里并没有真正地表示出，它们属于comp.graphics：

```
>>> analyzer = vectorizer.build_analyzer()
>>> list(analyzer(z[5][1]))
[u'kwansik', u'kim', u'kkim', u'cs', u'indiana', u'edu', u'subject',
u'faq', u'thank', u'kwansik']
>>> list(analyzer(z[6][1]))
[u'lioness', u'mapl', u'circa', u'ufl', u'edu', u'subject', u'3do',
u'3do', u'thank', u'bh']
```

这里只经过了词语切分、大小写转换和停用词删除等步骤。如果我们把能用min_df和max_df过滤掉的词语也删去（这个后续会由fit_transform完成），那么情况会变得更糟：

```
>>> list(set(analyzer(z[5][1])).intersection(
          vectorizer.get_feature_names()))
[u'cs', u'faq', u'thank']
>>> list(set(analyzer(z[6][1])).intersection(
vectorizer.get_feature_names()))
[u'bh', u'thank']
```

此外，多数词语在其他帖子中出现的频率也都很高。这个我们可以查看一下IDF值。请记住TF-IDF值越高，词语在帖子中的区分性就越大。同时，既然IDF在这里是一个乘法因子，如果它的值较小，那么它就是在传递一个信号：该词语总体上没有什么价值。

```
>>> for term in ['cs', 'faq', 'thank', 'bh', 'thank']:
...     print('IDF(%s)=%.2f'%(term,
             vectorizer._tfidf.idf_[vectorizer.vocabulary_[term]])
IDF(cs)=3.23
IDF(faq)=4.17
IDF(thank)=2.23
IDF(bh)=6.57
IDF(thank)=2.23
```

所以，除了bh（它的值接近IDF的最高值6.74），这些词语都没有多大的区分度。也就是说，属于不同新闻组的帖子将会类聚到一起。

然而，这对于我们的目标并没有太大帮助，因为我们只对减少与新帖子做比较的帖子数量感兴趣。毕竟，对于来自于训练数据中的特定新闻组，我们并没有特别的兴趣。

3.5   调整参数

那么其他参数呢？我们能否调整它们来得到更好的结果？

当然可以。我们当然可以调整簇的个数或试验向量化处理器的max_features参数（你应该尝试一下！）。同样，我们还能试验不同的簇中心初始化方法。在这里除了K均值方法，还有更多令人兴奋的替代方法。例如，有一些聚类方法可以让你使用不同的相似度衡量方法，诸如余弦（Cosine）相似度、皮尔逊（Pearson）系数，或者Jaccard系数。这是一个令人兴奋的领域。

但是在我们到达那里之前，必须定义清楚"更好"具体是指什么。Scikit有一个完整的工具包，专门用于这个定义。这个包叫做sklearn.metrics，它包含各种不同的指标，用来衡量聚类的质量。也许，现在我们首先就要看一下这个库的源代码。

3.6   小结

从聚类上的预处理，到把有噪文本转化为有意义的简洁向量表示的解决方案，这是一个艰难的过程。回头看一下我们为最终能够聚类所做的工作，它占了整个任务的一半还多。但是在这个过程中，我们学习到了很多关于文本处理的知识，以及简单词频统计在有噪声的真实数据上可以带你走得很远的原因。

由于Scikit有极其强大的程序包，这个过程已经相当平缓。不过仍有很多东西可以探索。本章中我们只抓住了它的表面功能。在下一章里我们将会看到它更大的威力。

## 第 4 章

主题模型

4

在前一章中我们将文本聚类成组。这是一个非常有用的方法,但并不是在任何情况下都适用。因为聚类会让每段文本恰好属于一个簇。而本书是关于机器学习和Python的,那么,我们是应该把它归到与Python相关的作品中呢,还是与机器相关的作品中呢? 在纸质图书时代,书店需要决定把这本书存放在哪里。然而,在互联网存储时代,答案却是,这本书既属于机器学习又属于Python。这本书可以在两个不同的类别中列出。但是,我们是不会把它列在食品类别中的。

在本章中,我们将学习一些新方法,这些方法不是用来把对象聚类,而是把它们放入几个组(叫做主题)中。我们还会学到如何得到中间的主题,这包括文本的中心主题和其他仅被模糊提到的主题(本书曾很多次提到过画图,但它并不会像机器学习一样成为本书的中心主题)。解决这类问题的机器学习子领域叫做主题模型。

4.1 潜在狄利克雷分配(LDA)

LDA和LDA 很不幸,有两个机器学习方法都以首字母LDA来命名:潜在狄利克雷分配(Latent Dirichlet Allocation)和线性判别式分析(Linear Discriminant Analysis);前者是一种主题模型方法,后者是一种分类方法。这两者毫无关联,但LDA可以指代它们中的任何一个。这非常容易令人混淆。scikit-learn有一个子模块`sklearn.lda`,它可以用来实现线性判别式分析。目前,scikit-learn还并没有实现潜在狄利克雷分配。

最简单的主题模型(是其他所有方法的基础)就是潜在狄利克雷分配(LDA)。LDA背后的数学原理相当复杂,我们并不想在这里深入探讨具体细节。

对此感兴趣且勇于探索的读者,搜索一下维基百科就可以在如下链接中找到这些算法背后的所有公式:

`http://en.wikipedia.org/wiki/Latent_Dirichlet_allocation`

然而,我们理解,这些都是高阶内容,它们背后都有一些故事。在本故事中,主题是固定的。这么讲可能还是不太清晰。具体包括哪些文档呢?

举个例子，我们假设现在只有三个主题：

□ 机器学习；
□ Python；
□ 烘培。

每个主题都有一系列词语与之关联。本书就是前两个主题的混合，它们可能各占50%。可以这么说，在我们撰写本书的时候，一半词语是从机器学习主题中挑出来的，而另一半来自Python主题。在这个模型中，词语的顺序无关紧要。

前面这个解释是实际情况的一个简化版；每个主题对每个词语都会赋予一个概率，所以当主题是机器学习或烘培的时候，都可能会用到"面粉"这个词，但在烘培主题中这个词出现的可能性更大。

当然，我们并不知道都有哪些主题。否则，这就是一个不同的而且简单得多的问题。我们现在的任务是拿到一个文本集合并对它做反向工程，从中发现都有哪些主题，以及每个文档属于哪些主题。

构建主题模型

很不巧，scikit-learn并不支持潜在狄利克雷分配。所以，我们将要使用Python中的gensim包。gensim是由Radim Řehůřek开发出来的。他是机器学习方面的科研人员，也是捷克共和国的顾问。我们从安装该软件开始介绍。通过运行下面两个命令中的任意一个来实现安装：

```
pip install gensim
easy_install gensim
```

我们将会使用美国联合通讯社（AP）的新闻报道数据集。这是一个标准的数据集，它在主题模型的一些初始工作中被使用过。

```
>>> from gensim import corpora, models, similarities
>>> corpus = corpora.BleiCorpus('./data/ap/ap.dat',
'/data/ap/vocab.txt')
```

语料库就是预读进来的一个词语列表：

```
>>> model = models.ldamodel.LdaModel(
    corpus,
    num_topics=100,
    id2word=corpus.id2word)
```

这个一步过程会建立一个主题模型。我们能用多种方式探索这些主题。我们可以通过model[doc]语法将一个文档中出现的主题都列出来：

```
>>> topics = [model[c] for c in corpus]
>>> print topics[0]
[(3, 0.023607255776894751),
 (13, 0.11679936618551275),
 (19, 0.075935855202707139),
 (92, 0.10781541687001292)]
```

这里我们省略了一些输出信息，但输出的格式就是一系列数据对（ topic_index, topic_weight ）。我们可以看到在每篇文档中只出现了一小部分主题。主题模型是一个稀疏的模型，即便每个文档中有很多潜在主题，也只有一小部分会被用到。我们画出了一个主题数的柱状图，如下图所示。

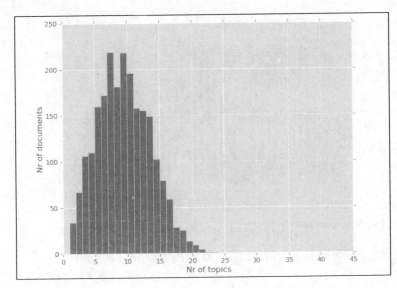

稀疏性是说，当你有一个很大的矩阵或者向量的时候，基本上大多数的值都是0（或者小到可以近似为0）。因此，在任何时候，只有一小部分数据是相关的。

通常情况下，看起来规模大得难以解决的问题，其实是可以解决的，这是因为数据是稀疏的。例如，即使一个网页能够链接到其他任何网页上，但链接关系图其实是非常稀疏的，因为每个网页只会链接到极小一部分网页上。

在上图中我们可以看到，大约150个文档中包含了5个主题，大多数文档涵盖了10到12个主题。没有文档涉及20个以上的主题。

在很大程度上，这是一个参数的函数，叫做alpha参数。alpha的确切含义有一点抽象，但较大的alpha值会导致每个文档中包含更多的主题。alpha必须是正数，但通常很小，一般会小于1。gensim会把alpha值默认设为1.0/len(corpus)，不过你也可以自己设置它，如下所示：

```
>>> model = models.ldamodel.LdaModel(
```

```
corpus,
num_topics=100,
id2word=corpus.id2word,
alpha=1)
```

在这里，这是一个较大的alpha，它会使每个文档具有更多的主题。我们也可以用一个较小的值。如下面这个合并起来的柱状图所示，gensim的表现符合预期。

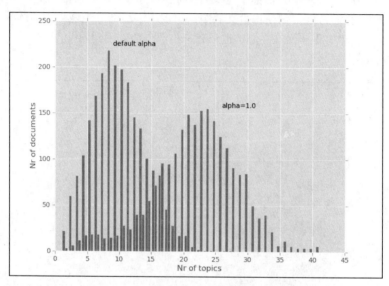

现在我们看到很多文档触及了20至25个不同的主题。

这些主题是什么呢？从技术上讲，它们是词语上的多项式概率分布。它们赋予词表中每个词语一个概率。相对于概率低的词语，高概率词语与该主题相关性更大。

我们的大脑并不擅长根据概率分布进行推理，但是我们很容易理解一系列词语的意思。因此，我们通常使用一些高权重的词语来概括这些主题。这里列出了前10个主题：

- ❑ dress military soviet president new state capt carlucci states leader stance government
- ❑ koch zambia lusaka one-party orange kochs party i government mayor new political
- ❑ human turkey rights abuses royal thompson threats new state wrote garden president
- ❑ bill employees experiments levin taxation federal measure legislation senate president whistleblowers sponsor
- ❑ ohio july drought jesus disaster percent hartford mississippi crops northern valley Virginia
- ❑ united percent billion year president world years states people i bush news
- ❑ b hughes affidavit states united ounces squarefoot care delaying charged unrealistic bush
- ❑ yeutter dukakis bush convention farm subsidies uruguay percent secretary general i told
- ❑ Kashmir government people srinagar india dumps city two jammu-kashmir group moslem Pakistan

❑ workers vietnamese irish wage immigrants percent bargaining last island police hutton I

　　尽管第一眼看上去令人畏惧，我们依然可以很清楚地看到，主题并不是一些随便拼凑的词语，它们是相关联的。我们还可以看到，这些主题包含了一些陈旧新闻的词语，例如苏联仍然存在，戈尔巴乔夫是总书记。我们还可以用词语云图来表示主题，让可能性更大的词语在图上显示得更大。例如，以下就是主题的可视化表示，它包含了中东和政治的主题。

　　还可以看到，一些词语或许应该删掉（例如词语I），因为它们并不那么有信息量（停用词）。在主题模型中，过滤掉停用词是很重要的，否则你得到的主题可能包含的全是停用词，没什么信息量。我们还希望将文本预处理成词根形式，使复数词和各种动词形式归一化。在前一章中我们已经介绍了这个过程，你可以回过头去查看详情。如果你有兴趣，可以从本书的网站上下载代码，并尝试这些变化方式，画出不同的图像。

　　如果你想构建像前图那样的词语云图，那么有几个不同的软件可以选择。在这里，我选择使用的是线上工具wordle（http://www.wordle.net），它可以生成非常富有吸引力的图像。由于只有几个例子，我还手动复制粘贴了一些词语，但实际上可以把它当做Web服务直接从Python中调用。

4.2　在主题空间比较相似度

　　要构建像前图那样的词语小插图，主题本身就很有用处。这些可视化图形可以在较大的文档集合中为人们指引方向。事实上，它们已经被用于此处了。

　　然而，主题经常会被当做是一种实现另外一个目标的中间工具。既然对每篇文档我们都预估了它来自于每个主题的可能性，那么可以在主题空间中比较两篇文档。这意味着，我们要根据两个文档是否描述相同主题来判断它们是否相似，而不是通过词与词的比较。

　　这是很有威力的，因为两个只有少量公共词语的文本文档实际上可能是在说同一个主题，只是用了不同的阐述方式（例如，一个人在说美国总统，而其他人使用了巴拉克·奥巴马这个名字）。

 　　　　主题模型本身对可视化和数据探索都很有用。在其他一些任务中，它们也充当着非常有用的中间步骤。

在这里，我们重新做一次前章中所做过的练习，通过主题来寻找最相似的帖子。鉴于之前我们通过词向量比较了两个文档，现在我们再通过主题向量来比较一下这两个文档。

对此，我们把文档映射到主题空间。这是说，我们要构造一个主题向量来概括这个文档。由于主题的个数（100）比可能的词语的个数要小，所以我们已经把维度降低了。不过如何进行通用的数据降维本身就是一个重要问题。我们会用一整章的内容来介绍它。除了降低了维度以外，它在计算上还有一个优势，那就是，比较100维的主题权重向量，要比比较词表大小的向量快得多（词表中包含成千上万的词语）。

我们通过gensim可以看到之前语料中所有文档的主题是如何计算的：

```
>>> topics = [model[c] for c in corpus]
>>> print topics[0]
[(3, 0.023607255776894751),
 (13, 0.11679936618551275),
 (19, 0.075935855202707139),
 (92, 0.10781541687001292)]
```

我们用NumPy的数组来存储所有的主题统计数据，并计算两两之间的距离：

```
>>> dense = np.zeros( (len(topics), 100), float)
>>> for ti,t in enumerate(topics):
…     for tj,v in t:
…         dense[ti,tj] = v
```

这里，dense是一个主题的矩阵。我们用SciPy中的pdist函数来计算两两之间的距离。这是说，通过调用一个函数，我们就可以计算出所有sum((dense[ti] - dense[tj])**2)的值：

```
>>> from scipy.spatial import distance
>>> pairwise = distance.squareform(distance.pdist(dense))
```

现在，采用最后一个小技巧，把距离矩阵对角线上的元素都设成较大的值（只要比矩阵中其他值都大就可以）：

```
>>> largest = pairwise.max()
>>> for ti in range(len(topics)):
    pairwise[ti,ti] = largest+1
```

完成了！针对每一篇文档，我们轻而易举就可以找到最接近的一个元素：

```
>>> def closest_to(doc_id):
  return pairwise[doc_id].argmin()
```

 如果我们没有将矩阵对角线上的元素设置成较大的值,前面这段代码将不会工作;这个函数总会返回相同的元素,这是由于跟它最相似的文档就是它自己(除非出现一种很诡异的情况,那就是两个元素具有完全相同的主题分布,但很少发生,除非它们两个是完全一样的文档)。

例如,这里是第二个文档(第一个文档没有多大意义,因为系统返回了一个跟它非常相似的文档):

```
From: geb@cs.pitt.edu (Gordon Banks)
Subject: Re: request for information on "essential tremor" and Indrol?
In article <1q1tbnINNnfn@life.ai.mit.edu> sundar@ai.mit.edu writes:
Essential tremor is a progressive hereditary tremor that gets worse
when the patient tries to use the effected member. All limbs, vocal
cords, and head can be involved. Inderal is a beta-blocker and is
usually effective in diminishing the tremor. Alcohol and mysoline are
also effective, but alcohol is too toxic to use as a treatment.
--------------------------------------------------------Gordon
Banks N3JXP     | "Skepticism is the chastity of the intellect, and
geb@cadre.dsl.pitt.edu | it is shameful to surrender it too soon."
----------------------------------------------------------------
```

如果寻找最相似的文档closest_to(1),那么我们将得到如下文档:

```
From: geb@cs.pitt.edu (Gordon Banks)
Subject: Re: High Prolactin

In article <93088.112203JER4@psuvm.psu.edu> JER4@psuvm.psu.edu (John
E. Rodway) writes:
>Any comments on the use of the drug Parlodel for high prolactin in
the blood?
>It can suppress secretion of prolactin. Is useful in cases of
galactorrhea. Some adenomas of the pituitary secret too much.
----------------------------------------------------------------
Gordon Banks N3JXP      | "Skepticism is the chastity of the
intellect, and geb@cadre.dsl.pitt.edu  | it is shameful to surrender
it too soon."
    ------------------------------------------------------------
```

我们得到的是一个相同作者写的关于药物治疗的帖子。

对整个维基百科建模

最初的LDA实现可能运行得有些缓慢,而现代系统需要对很大的数据集进行运算。在下面的gensim文档中,我们要为整个英语版的维基百科(Wikipedia)构建一个主题模型。它的运行时间需要几个小时,不过即使使用不是很强大的机器也可以完成。如果使用计算机集群,我们就可以大大加快运算速度，后面会有一章详细介绍这个处理过程。

首先，我们从http://dumps.wikimedia.org下载整个维基百科。这是一个很大的文件（现在已经超过9 GB），所以需要花费一定时间，除非你的网速非常快。然后，我们用一个gensim工具对它建立索引：

```
python -m gensim.scripts.make_wiki enwiki-latest-pages-articles.xml.bz2
wiki_en_output
```

在命令行中（而不是Python交互窗口）运行上面这个命令。索引过程经过几个小时就会完成。最后，我们可以去构建最终的主题模型了。这一步正如我们在小规模AP数据集上所做的那样。首先引入一些程序库：

```
>>> import logging, gensim
>>> logging.basicConfig(
    format='%(asctime)s : %(levelname)s : %(message)s',
    level=logging.INFO)
```

现在，我们将预处理好的数据读入：

```
>>> id2word =
gensim.corpora.Dictionary.load_from_text('wiki_en_output_wordids.txt')
>>> mm = gensim.corpora.MmCorpus('wiki_en_output_tfidf.mm')
```

最后，像以前那样构建出LDA模型：

```
>>> model = gensim.models.ldamodel.LdaModel(
    corpus=mm,
    id2word=id2word,
    num_topics=100,
    update_every=1,
    chunksize=10000,
    passes=1)
```

这还会耗费几个小时。（可以在控制台上观察到这个过程，它会给出一个提示，告诉你还需要等待多少时间。）一旦完成，你可以把结果保存到文件里，以后无需再重复做这件事：

```
>>> model.save('wiki_lda.pkl')
```

如果退出会话，然后过会儿再回来，你还可以把模型读出来：

```
>>> model = gensim.models.ldamodel.LdaModel.load('wiki_lda.pkl')
```

让我们探究一下其中的一些topics：

```
>>> topics = []
>>> for doc in mm:
    topics.append(model[doc])
```

可以看到它依然是一个稀疏的模型，即使比以前拥有更多的文档（在撰写到这里的时候，已经多于400万）：

```
>>> import numpy as np
>>> lens = np.array([len(t) for t in topics])
>>> print np.mean(lens)
6.55842326445
>>> print np.mean(lens <= 10)
0.932382190219
```

所以，平均下来每个文档只涉及6.5个主题，其中93%的文档涉及的主题数小于等于10。

如果你之前没看到过这些习语，可能会对计算一个比较运算的均值感到奇怪。但这是计算所占比例的直接方法。

np.mean(lens<=10)计算了一个布尔数组的均值。用数字来解释的话，这些布尔值就是一些0和一些1。因此，计算结果的值域在0到1之间，它是1所占的比例。在这里，它就是lens数组中小于等于10的元素所占的比例。

我们还可以查询出维基百科中最常谈论的主题有哪些。首先收集一些主题使用情况的统计信息：

```
>>> counts = np.zeros(100)
>>> for doc_top in topics:
…    for ti,_ in doc_top:
…        counts[ti] += 1
>>> words = model.show_topic(counts.argmax(), 64)
```

通过之前使用的可视化工具，我们可以看到最常谈论的主题是小说和故事，还有书籍和电影。考虑到多样性，我们选择了不同的配色方案。维基百科中多达25%的页面都与这个主题有部分关联（换句话说，5%的词语来自于这个主题）：

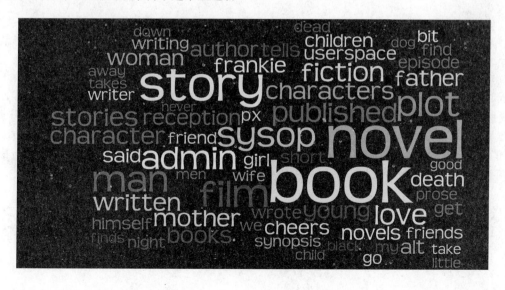

这些图和数字是2013年年初作者撰写本书时得到的。但是由于维基百科一直在变化，你得到的结果可能会有所不同。特别是，最不相关的主题可能已经变了，但和前述主题很接近的主题很可能依然在列表中排名很高（即使它并不是最重要的主题）。

或者，我们来看下最不常讨论的主题：

```
>>> words = model.show_topic(counts.argmin(), 64)
```

最不常讨论的主题是前法属中非殖民地。只有1.5%的文档涉及了这个主题，0.08%的词语来自于这个主题。或许，如果在法语维基百科上进行测试，我们将会得到一个完全不同的结果。

4.3   选择主题个数

到目前为止，我们使用了固定个数的主题（100）。这纯粹是一个随意的值；我们也可以采用20或200个主题。幸运的是，对于多数用户来讲，这个值并不重要。如果你像我们之前那样，只把这些主题的使用当做一个中间步骤，那么系统的最终表现极少会对主题个数敏感。这意味着，只要你使用了足够的主题，不管是用100个主题还是200个，从这个过程中得到的推荐并没有太大差别。100通常是一个比较好的值（20对于一般文档集合来说太少了）。设置alpha（α）值也是如此。尝试不同的值会改变主题，但对于这种改变，最终的结果不会受到多大影响。

主题模型通常是一个面向目标的终端服务。在这种情况下，你具体选择了哪些参数并不总是很重要。不同的主题数或者参数值（例如alpha）会得到效果几乎相同的系统。

如果你想自己探究一下这些主题，或者构建一个可视化工具，你可能应该尝试一下不同的取值，看看哪些值可以带给你最有用或最具吸引力的结果。

然而，还有一些方法可以根据数据集自动帮你确定主题的个数。有一个很流行的模型叫做层次狄利克雷过程。再一次，它背后的所有数学模型都非常复杂，超出了本书的讨论范围。但我们可以告诉你的是，在该方法中，主题本身是由数据生成的，而不是预先将主题固定，然后通过对数据的反向工程把它们恢复出来。当书写者开始撰写一个新文档时，他可以使用已有的主题，也可以创建一个全新的主题。

这意味着，我们拥有的文档越多，最后得到的主题也越多。这种方式初看起来并不是很直观，但思考一下就会觉得它非常有意义。我们是在学习主题时，样本越多，就可以把主题切分得越细。如果我们只有少量的新闻文章样本，那么体育将会是一个主题。然而，随着我们拥有更多的文档，我们就可以开始把它们切分成一些独立的部分，例如曲棍球、足球等等。随着我们拥有越来越多的数据，我们可以开始对细小的差别进行区分，从文章中把每只队伍或者每个球员分离出来。对于人，也是一样的。在一组不同背景的人群中（其中包含一些"IT人士"），你可能会把他们放在一起；在一个更大一点的分组中，你可能会让程序员和系统经理分别聚在一起。在真实世界中，Python程序员和Ruby程序员甚至会有各自的分组。

有一个能够自动确定主题个数的方法叫做层次狄利克雷过程（HDP），可以在gensim中使用，而且使用方法很简单。例如前面实现的LDA代码，我们只需要把对gensim.models.ldamodel.LdaModel的调用替换成一个对HdpModel构造函数的调用即可，如下所示：

```
>>> hdp = gensim.models.hdpmodel.HdpModel(mm, id2word)
```

这样就可以了。（不过，它需要更长时间来计算——没有免费的午餐。）现在除了不需要给出主题个数，我们还可以像使用LDA模型一样使用这个模型。

4.4 小结

在本章中，我们讨论了一个更高级的文本分组方式。由于我们允许每个文档出现在多个分组中，所以它比简单聚类更为灵活。我们使用gensim探索了基本的LDA模型。gensim是一个新程序包，但将它整合进标准Python的科学生态系统中很容易。

主题模型最初是在文本处理中开发出来的，可以说是简单易懂。但在第10章中，我们将会看到这些技术还可以用于图像。在绝大多数现代计算机视觉研究中，主题模型都是非常重要的。事实上，与前面几章不同，本章非常接近于机器学习算法研究的最前沿。原始的LDA算法是2003年在一个学术期刊上发表出来的。gensim所使用的对维基百科进行处理的方法，是在2010年开发出来的。而HDP算法始于2011年。这个领域的研究一直在进行，你可以发现它有很多变种，以及有着美妙名字的模型，例如印度自助餐过程（Indian buffet process，注意不要跟中国餐馆过程——

Chinese restaurant process——混淆，它们是不同的模型），或者弹球盘分配（Pachinko allocation；弹球盘是一款日本游戏，它是老虎机和弹球的杂合）。当前，这些工作尚处于研究阶段。几年之后，它们才可能用于解决实际问题。

现在，我们已经重温了一些主流机器学习模型，例如分类、聚类和主题模型。在下一章中，我们将会回到分类问题，探索一些高级算法和方法。

第 5 章

分类：检测劣质答案 5

我们既然已经能够从文本中抽取有用特征，那就可以迎接在真实数据上构建分类器的挑战了。让我们回到第3章，在那里有一些网站，其中用户可以提交问题并得到解答。

这些问答（Q&A）网站一直都面临一个挑战，即要让发表的帖子的内容保持较好的质量。像stackoverflow.com这样的网站，付出了很大努力，例如让用户为问题和答案打分并给予一些徽章和奖励值。这样用户会花费更大的精力来雕琢问题或撰写可能的答案，进而带来更多高质量的发言。

有一种比较成功的激励方式，即提问者将从众多解答中选择一个，标识为被采纳的答案（提问者标识这些答案是有激励作用的），而被标识的答案的作者会得到更多的积分。

如果用户在输入答案的时候能立即看到他所给出的解答是好是坏，会不会非常有用处呢？这意味着网站需要持续地评估未完成的解答，并反馈它是否有劣质答案的迹象。这将鼓励用户投入更多的精力去撰写答案（例如提供代码示例，插入图像等）。所以，最后整个系统的效果都提升了。

让我们在本章中构建这样一种机制。

5.1 路线图概述

我们将使用非常繁杂的真实数据来构建系统。本章并不适合"胆小"的读者，因为我们不会得到一个完美的解决方案，也无法使分类器达到100%的正确率。原因很简单：即使是我们人类，也经常会对一个答案的好坏产生分歧（看看stackoverflow.com网站上的一些评论就知道了）。恰恰相反，我们会发现，有些问题非常难，必须在解决它的过程中不断调整目标。在这个过程中，我们将会从最邻近方法开始，揭示它在这个问题上的效果为什么不好，并切换到逻辑回归，然后得到一个在小部分数据上有较好预测效果的解决方案。最后，我们将花一点时间来介绍如何选择最佳模型，并把它应用到目标系统上。

5.2 学习如何区分出优秀的答案

在分类的时候，我们希望得到给定样本的类别，有时又叫做标签。要达到这个目的，我们需要先回答以下两个问题。

- ☐ 我们该如何表示数据样本？
- ☐ 我们的分类器应该采用哪种模型或结构？

5.2.1 调整样本

在这里，数据样本很简单，就是答案中的文本，而标签是一个二值数字，代表提问者是否接受这个答案。然而，对于大多数机器学习算法来说，原始文本并不是一个很方便的表示方式。这些算法需要用数字表示的样本。我们的任务就是从原始文本中提取有用的特征，使机器学习算法可以用它来学习正确的标签。

5.2.2 调整分类器

我们一旦收集到足够多的数据对（文本及标签），就可以开始训练分类器了。对于分类器所使用的结构，我们有很多种选择。但每种选择都各有利弊。这里仅举几个比较重要的选择，如逻辑回归、决策树、SVM和朴素贝叶斯。在本章中，我们会拿基于模型的逻辑回归方法和前一章中的基于示例的方法做对比。

5.3 获取数据

幸运的是，在得到了CC Wiki的许可后，stackoverflow的幕后团队提供了stackoverflow所在的StackExchange域中的大多数数据。在本书撰写之时，最新的数据可以在http://www.clearbits.net/torrents/2076-aug-2012找到。这个页面很可能包含一个指向更新后的转存数据的链接。

下载并解压之后，我们得到了大约37 GB的XML格式的数据。大致如下表所示：

文　件	大小（MB）	描　　述
badges.xml	309	用户的徽章
comments.xml	3225	问题或答案的评论
posthistory.xml	18 370	编辑历史
posts.xml	12 272	问题和答案——这是我们需要的
users.xml	319	用户的一般性信息
votes.xml	2200	投票信息

由于这些文件差不多都是独立的，我们可以把除posts.xml以外的其他文件都删掉；posts.xml包含了所有问题和答案，它们位于root标签posts下的row标签中。参考如下代码：

```
<?xml version="1.0" encoding="utf-8"?>
  <posts>
    <row Id="4572748" PostTypeId="2" ParentId="4568987"
    CreationDate="2011-01-01T00:01:03.387" Score="4"
    ViewCount="" Body="&lt;p&gt;IANAL, but &lt;a
    href=&quot;http://support.apple.com/kb/HT2931&quot;
    rel=&quot;nofollow&quot;&gt;this&lt;/a&gt; indicates to me
    that you cannot use the loops in your
    application:&lt;/p&gt;&#xA;&#xA;&lt;blockquote&gt;&#xA;
    &lt;p&gt;...however, individual audio loops may&#xA; not
    be commercially or otherwise&#xA; distributed on a
    standalone basis, nor&#xA; may they be repackaged in whole
    or in&#xA; part as audio samples, sound effects&#xA; or
    music beds.&quot;&lt;/p&gt;&#xA; &#xA; &lt;p&gt;So don't
    worry, you can make&#xA; commercial music with GarageBand,
    you&#xA; just can't distribute the loops as&#xA;
    loops.&lt;/p&gt;&#xA;&lt;/blockquote&gt;&#xA;"
    OwnerUserId="203568" LastActivityDate="2011-01-
    01T00:01:03.387" CommentCount="1" />
```

名　字	类　型	描　述
Id	Integer	这是唯一标识
PostType	Integer	这个描述了帖子的类型。我们对下面这些类型感兴趣： ● 问题 ● 答案 其他值都被忽略
ParentId	Integer	这是答案所属问题的唯一标识（一些问题可能缺失）
CreationDate	DateTime	这是提交的日期
Score	Integer	这是帖子的分数
ViewCount	Integer or empty	这个告诉我们该帖子的用户浏览数
Body	String	这是帖子的全部内容，编码在HTML文本中
OwnerUserId	Id	这个是发帖者的唯一标识。如果是1，那这是一个wiki问题
Title	String	这是问题的标题（答案没有标题）
AcceptedAnswerId	Id	这是被接受答案的ID（一些答案可能缺失）
CommentCount	Integer	这个告诉我们帖子的评论数

5.3.1 将数据消减到可处理的程度

为了加快实验进程，我们不应该在一个12 GB的文件上评估分类算法。相反，我们应该想想如何把数据缩小，以便能够在快速验证想法的同时，仍然使数据具有代表性。如果把XML中创建日期（CreationDate）为2011或者之后的row标签过滤掉，我们最后还拥有超过600万的帖子（2 323 184个问题和4 055 999个答案）。目前，这些训练数据应该已经足够多了。我们不能在XML

格式的数据上进行操作，因为这样会让处理速度变得很慢。数据格式越简单越好。这就是我们要用Python的cElementTree来解析其余的XML，并把它写入一个以tab符分隔的文件的原因。

5.3.2　对属性进行预选择和处理

我们还应该仅保留那些我们认为有助于分类器从一般答案中区分出优质答案的属性。当然，我们需要与识别有关的属性，来赋予问题正确的解答。阅读一下下面这些属性。

- ❑ 例如PostType属性只能用于区分问题和答案。然后通过检查ParentId可以进一步对它们进行区分。所以，为了区分出问题，我们要把这个属性保留下来，并设为1。
- ❑ CreationDate属性对于确定提出问题和发表解答之间的时间间隔是有意义的，所以我们也把它保留下来。
- ❑ Score属性当然也很重要，它是社区评价的风向标。
- ❑ ViewCount属性，相反，很可能对我们的任务一点用处也没有。即使它能帮助分类器区分答案的好坏，我们却无法在答案提交时获得这个信息。所以我们把它忽略。
- ❑ Body属性明显包含了最重要的信息。由于它编码在HTML中，我们需要把它解码成纯文本。
- ❑ OwnerUserId属性只有当我们把用户相关的特征考虑进去的时候才会有用处。但我们不会考虑。尽管在这里需要把它扔掉，我们仍然鼓励你使用它（或许与users.xml有关联）来构建一个更好的分类器。
- ❑ Title属性在这里也可以忽略，尽管它可以提供更多关于问题的信息。
- ❑ CommentCount属性也可以忽略。类似于ViewCount，它在帖子发表了一段时间之后才会对分类器有所帮助（更多的评论等于更多模棱两可的帖子），但在答案刚发出的时候却无裨益。
- ❑ AcceptedAnswerId属性类似于Score属性。它是帖子质量的指示器。由于每个答案都涉及这个属性，我们要创建一个新属性，IsAccepted，而不是保留原来的属性。对于答案来说这个新属性的值是0或者1，而对于问题（ParentId=1），它将被忽略。

我们最后得到如下的格式：

```
Id <TAB> ParentId <TAB> IsAccepted <TAB> TimeToAnswer <TAB> Score
<TAB> Text
```

关于具体的解析细节，请参考so_xml_to_tsv.py和choose_instance.py。为了加速这个过程，我们将数据切分到两个文件中。在meta.json里，我们存储了一个从帖子id映射到其他数据的字典（除了JSON格式的Text），便于我们用正确的格式读取数据。例如，一个帖子的分数可以放在meta[id][Score]里。在data.tsv里，我们存储了Id和Text。用下列方法很容易对它们进行读取：

```
def fetch_posts():

    for line in open("data.tsv", "r"):
```

```
post_id, text = line.split("\t")

yield int(post_id), text.strip()
```

5.3.3 定义什么是优质答案

在开始训练分类器区分好坏答案之前，我们需要构造训练样本。到目前为止，我们只有一堆数据。我们仍需要确定样本的标签。

当然，我们可以简单地用 `IsAccepted` 属性作为标签。毕竟，它标识出了解答了问题的答案。然而，这只是提问者的意见。随着时间的推进，有更多的答案提交上来，其中一些往往会比已接受的答案更好。然而，提问者却很少再回顾这个问题，并改变他/她的主意。所以最后我们会得到很多包含被接受答案的问题，而这些答案的分数并不是最高的。

另一个极端是，我们可以把每个问题中最好和最差的答案当做正负样本。但是，对于只有好答案的问题我们该怎么办呢，比如一个给2分，另一个给4分？我们真的应该把2分的答案当做负样本吗？

我们需要在两个极端之间寻求一个解决方案。如果把所有大于0分的答案当做正例，把所有小于等于0分的答案当做负例，我们就会得到一个比较合理的标签，如下所示：

```
>>> all_answers = [q for q,v in meta.iteritems() if v['ParentId']!=-1]
>>> Y = np.asarray([meta[aid]['Score']>0 for aid in all_answers])
```

5.4 创建第一个分类器

让我们从前一章中简洁而美观的最邻近方法开始。尽管它看上去不像其他方法那样高端，却颇有威力。因为它不是基于模型的方法，所以几乎可以学习任何数据。然而，这种优美性也带来了一个明显的缺点，我们一会儿就会发现。

5.4.1 从k邻近（kNN）算法开始

这一次，我们并不想自己来实现它，而是使用 `sklearn` 工具来实现。这个分类器在 `sklearn.hbors` 里。让我们从一个简单的2最邻近分类器（2-nearest neighbor classifier）开始：

```
>>> from sklearn import neighbors
>>> knn = neighbors.KNeighborsClassifier(n_neighbors=2)
>>> print(knn)
KNeighborsClassifier(algorithm=auto, leaf_size=30, n_neighbors=2, p=2,
warn_on_equidistant=True, weights=uniform)
```

它提供了一个和 sklearn 中其他分类器一样的接口。我们用 fit() 进行训练，然后用 predict() 预测新数据的类别。

```
>>> knn.fit([[1],[2],[3],[4],[5],[6]], [0,0,0,1,1,1])
>>> knn.predict(1.5)
array([0])
>>> knn.predict(37)
array([1])
>>> knn.predict(3)
NeighborsWarning: kneighbors: neighbor k+1 and neighbor k have the
same distance: results will be dependent on data order.
  neigh_dist, neigh_ind = self.kneighbors(X)
array([0])
```

我们可以用 predict_proba() 得到类别的概率。在这个例子中，我们有两个类0和1。它会返回一个含有两个元素的数组，如下列代码所示：

```
>>> knn.predict_proba(1.5)
array([[ 1., 0.]])
>>> knn.predict_proba(37)
array([[ 0., 1.]])
>>> knn.predict_proba(3.5)
array([[ 0.5, 0.5]])
```

5.4.2   特征工程

那么，我们可以给分类器提供什么样的特征呢？什么样的特征最具有区分性呢？

TimeToAnswer 属性已经出现在我们的 meta 字典里了，但它自己可能并不能提供太多价值。这里只有 Text，但它是原始形式的，我们无法把它传递给分类器，因为分类器需要的特征必须是数值形式的。所以我们必须先进行特征抽取这种琐碎的活儿。

我们能做的是查看答案中的 HTML 链接数，并用它代表答案的质量。假设答案中的超链越多意味着答案越好，越有可能被采纳为最佳答案。当然我们希望只考虑正常文本中的链接，而不是示例代码中这样的：

```
import re
code_match = re.compile('<pre>(.*?)</pre>',
                        re.MULTILINE|re.DOTALL)
link_match = re.compile('<a href="http://.*?".*?>(.*?)</a>',
                        re.MULTILINE|re.DOTALL)

def extract_features_from_body(s):

    link_count_in_code = 0

    # 统计代码中的链接，后续会提取它们
```

```
for match_str in code_match.findall(s):

    link_count_in_code +=
    len(link_match.findall(match_str))

return len(link_match.findall(s)) - link_count_in_code
```

 对于一个生产式系统来说，我们不应该用正则表达式来解析HTML内容。相反，我们应该依赖优秀的工具库，如BeautifulSoup。我们可以放心地用它来处理那些经常在HTML中出现的各种奇怪情况，而且效果非凡。

在这些准备工作就绪之后，我们就可以为每个答案都生成一个特征。但在训练分类器之前，先看一下我们要进行训练的数据。我们可以对这个新特征的频率分布有一个初始印象。这个可以通过画出每个取值在数据中出现频率的百分比来得到。如下图所示：

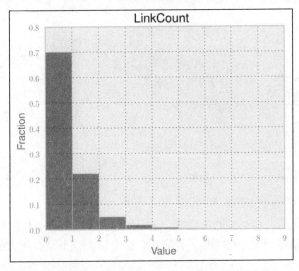

由于多数帖子根本没有任何链接，所以我们知道，这个特征本身并不能生成一个很好的分类器。尽管如此，让我们先尝试一下，以便对目前所处的位置有一个初步的估计。

5.4.3 训练分类器

我们需要把特征数组以及之前定义的Y标签传进kNN学习器，来得到一个分类器。

```
X = np.asarray([extract_features_from_body(text) for post_id,
  text in fetch_posts() if post_id in all_answers])
knn = neighbors.KNeighborsClassifier()
knn.fit(X, Y)
```

我们采用标准参数对数据拟合出了一个5NN（意思是k=5的最邻近模型）。为什么是5NN呢？

实际上，以我们现在对数据的了解，并不知道正确的*k*是多少。我们一旦对此有更多的认识，那么将会有更好的办法来设置*k*值。

5.4.4 评估分类器的性能

我们必须清楚我们要评估的是什么。一个原始但最容易的方法就是简单地计算测试集上的平均预测质量。然后将会得到一个0到1之间的值。0表示错误预测，1表示完美预测。正确率可以通过knn.score()得到。

但是正如前一章所学到的，我们不会只做一次，而是要使用sklearn.cross_validation里现成的KFold类进行交叉验证。最后，我们把每一折测试集上的分数平均一下，用标准差来评估它的偏离程度。参考下列代码：

```
from sklearn.cross_validation import KFold
scores = []
cv = KFold(n=len(X), k=10, indices=True)
for train, test in cv:
  X_train, y_train = X[train], Y[train]
  X_test, y_test = X[test], Y[test]
  clf = neighbors.KNeighborsClassifier()
  clf.fit(X, Y)
  scores.append(clf.score(X_test, y_test))

print("Mean(scores)=%.5f\tStddev(scores)=%.5f"%(np.mean(scores,
np.std(scores)))
```

输出如下：

```
Mean(scores)=0.49100 Stddev(scores)=0.02888
```

这还远不可用。由于只有49%的正确率，还不如抛硬币的效果。很明显，帖子中的链接数并不是一个能很好地反映帖子质量的指标。我们说，这个特征并不具有很大的区分性——至少，对于*k*=5的kNN不具有。

5.4.5 设计更多的特征

除了用超链接数代表帖子质量之外，使用代码行数也可能是一个比较好的选择。至少它预示着帖子的作者对解答这个问题很感兴趣。我们可以找到嵌在<pre>...</pre>标签中的代码。一旦把它们提取出来，我们就应该在统计帖子词语数目的时候忽略掉所有有代码的行：

```
def extract_features_from_body(s):
  num_code_lines = 0
  link_count_in_code = 0
  code_free_s = s
```

```
# 删除源代码，并统计有多少行
for match_str in code_match.findall(s):
    num_code_lines += match_str.count('\n')
    code_free_s = code_match.sub("", code_free_s)
# 有时源代码中包含链接，
# 我们并不需要统计它们
link_count_in_code += len(link_match.findall(match_str))

links = link_match.findall(s)
link_count = len(links)
link_count -= link_count_in_code
html_free_s = re.sub(" +", " ", tag_match.sub('',
    code_free_s)).replace("\n", "")
link_free_s = html_free_s

# 在统计词语之前从文本中删除链接
for anchor in anchors:
    if anchor.lower().startswith("http://"):
    link_free_s = link_free_s.replace(anchor,'')

    num_text_tokens = html_free_s.count(" ")

return num_text_tokens, num_code_lines, link_count
```

看看下面这几个图，我们注意到一个帖子中的词语数目有很大的变化：

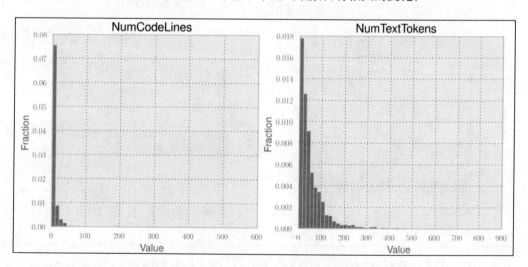

在更大的特征空间中进行训练，可以使正确率提高不少。

```
Mean(scores)=0.58300 Stddev(scores)=0.02216
```

但是这仍然意味着在我们的分类结果中，10个答案中大约有4个是错误的。不过至少我们在朝着正确的方向前进。更多的特征会带来更高的正确率。这指引我们去增加更多的特征。因此，让我们拓展一下特征空间，引入更多的特征。

- ❑ **AvgSentLen** 这个特征衡量了句子中的平均词语个数。也许存在这么一种模式：非常好的帖子并不会用很长的句子让读者的大脑超负荷运转。
- ❑ **AvgWordLen** 这个特征和AvgSentLen类似；它衡量了帖子中词语的平均字符个数。
- ❑ **NumAllCaps** 这个特征衡量了大写形式的词语个数。但这并不是好的字体样式。
- ❑ **NumExclams** 这个特征衡量了感叹号的个数。

下列图表中显示了句子和词语的平均长度，以及大写词语和感叹号个数的数值分布：

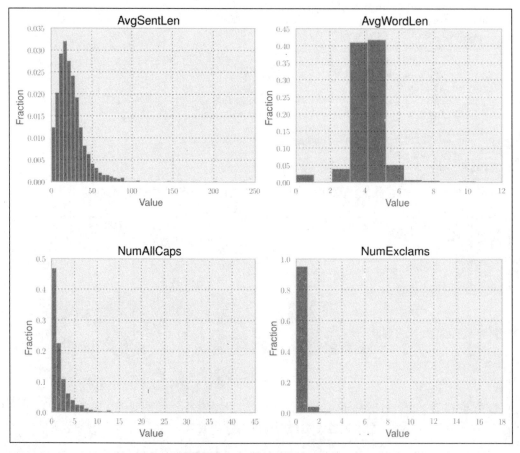

加上这4个特征，现在有7个特征来表示每个帖子。来看看我们的进展：

```
Mean(scores)=0.57650 Stddev(scores)=0.03557
```

这很有趣。我们增加了4个特征之后却得到了更糟糕的分类正确率。怎么会这样？

要理解这个，我们需要明白kNN是如何工作的。我们的5NN分类器通过计算前面描述的这7个特征（包括LinkCount、NumTextTokens、NumCodeLines、AvgSentLen、AvgWordLen、

NumAllCaps和NumExclams）来确定每个新帖子的类别，然后找到5个距离最近的帖子。新帖子的类别就是在这些距离最近的帖子中出现次数最多的类别。由于我们没有详细说明，在初始化时，分类器的闵科夫斯基（Minkowski）距离参数的默认值是p=2。这意味着所有这7个特征都被同等对待。然而kNN并不会知道，例如NumTextTokens这个特征，虽然有益处，但远远不如NumLinks重要。让我们考虑如下两个帖子A和B。它们只在下面这些特征上有区别。我们看看它们是如何跟一个新帖子做比较的：

帖　子	NumLinks	NumTextTokens
A	2	20
B	0	25
新帖子	1	23

尽管我们觉得链接比纯粹的文本提供了更多的价值，但和帖子A相比，帖子B与新帖子更相似。

很明显，kNN难以正确利用现有数据。

5.5　决定怎样提升效果

要提升效果，我们基本上有如下选择。

- **增加更多的数据**　也许我们没有为学习算法提供足够的数据，因此增加更多的训练数据即可。
- **考虑模型复杂度**　也许模型还不够复杂，或者已经太复杂了。在这种情况下，我们可以降低k值，使得较少的近邻被考虑进去，从而更好地预测不平滑的数据。我们也可以提高k值，来得到相反的效果。
- **修改特征空间**　也许我们的特征集合并不好。例如，我们可以改变当前特征的范围，或者设计新的特征。又或者，如果有些特征和另外一些是别名关系，我们还可以删除一些特征。
- **改变模型**　也许kNN并不适合我们的问题。无论我们让模型变得有多复杂，无论特征空间会变得多复杂，它永远也无法得到良好的预测效果。

在实际应用中，为了提升当前的效果，人们通常会从上述选项中随机选择一个，然后无序地进行尝试，希望可以偶然找到一个完美的配置。我们在这里也可以这样做，但在做出正确的抉择之前这样一定会花费更长的时间。我们应该采取更明智的路线，这就需要介绍一下偏差-方差折中。

5.5.1　偏差–方差及其折中

在第1章中，我们尝试了通过控制维度参数d来拟合不同复杂度的多项式，并且发现二维多项式（一条直线）并不能很好地拟合示例数据。因为数据本质上并不是一条线。不管我们如何努力地去拟合，二维模型会把任何东西都当做一条直线。因此，可以认为这个模型偏离数据太远了；也就是欠拟合。

然后，我们试验了一下不同的维度，然后发现100维的多项式其实可以非常好地拟合训练数据。（当时，我们还不知道对训练集和测试集进行分割。）然而，我们很快又发现，它拟合得过于好了，进行了过度拟合。那么如果用不同的样本数据，我们将得到完全不同的100维多项式。因此，可以认为这个模型对给定数据有一个过高的方差，也就是过拟合。

大多数机器学习问题都处在这两个极端之间。在理想情况下，我们既想要低偏差，又想要低方差。但是，我们却生活在一个糟糕的世界里，必须在这两者之间做出权衡。如果我们提升其中一个，那么就可能让另外一个变差。

5.5.2 解决高偏差

假设我们正在深受高偏差之苦。在这种情况下，加入更多的训练数据明显不会有什么帮助。同样，删减特征肯定也没有帮助，因为我们的模型可能已经过于简单化了。

这这种情况下，唯一可行的方式就是增加更多的特征，让模型更为复杂，或者尝试别的模型。

5.5.3 解决高方差

相反，如果我们遇到高方差的问题，这意味着我们的模型对于数据来说太过复杂。在这种情况下，我们只能尝试获得更多数据，或者降低模型复杂度。这意味着要增大k，使更多的近邻被考虑进来，或者删减一些特征。

5.5.4 高偏差或低偏差

要发现问题到底是什么，我们可以把在不同规模数据上得到的训练和测试误差画出来。

高偏差通常可以这样揭示出来：测试误差在开始时有一些下降，但之后会维持在一个很高的数值上，同时，随着数据集规模的增大，训练误差会与测试误差较为接近。而高方差可以通过两条曲线之间的巨大差距识别出来。

我们针对5NN画出不同数据规模下的误差之后发现，在训练和测试误差之间有一个很大的差距。这暗示了这里存在高方差的问题。参考下图：

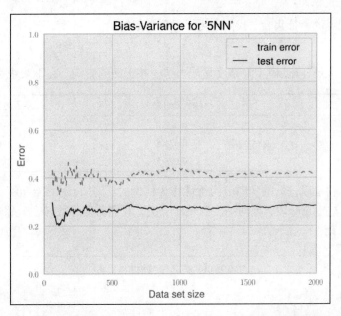

从上面这张图中，我们立即就可以看出，由于对应于测试误差的虚线一直在0.4之上，加入更多训练数据不会有什么帮助。我们唯一的选择就是通过增大k或者削减特征空间，来降低模型复杂性。

但是，尝试一削减特征空间，在这里也没有起到任何作用。我们可以通过画出只包含`LinkCount`和`NumTextTokens`的简化特征空间，很容易确认这一点。参考下图：

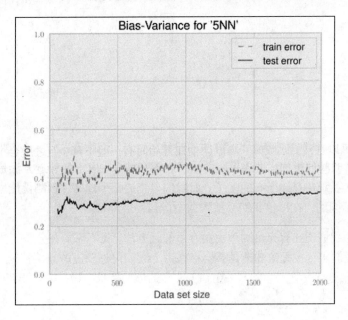

对其他更小规模的特征集合，我们也可以得到类似的图。无论我们选择哪个特征子集，这个图看起来都较为相似。

不过，通过增大 k 来降低模型复杂度显现出了一些正面的影响。在下表中可以说明：

k	均值（分数）	标准方差（分数）
90	0.628 0	0.027 77
40	0.626 5	0.027 48
5	0.576 5	0.035 57

但这并不够，它是以较低的实时分类性能作为代价的。例如，采用 $k=90$，我们会有一个非常低的测试误差。但这也意味着，要对一个新帖子分类，我们需要寻找90个最邻近的其他帖子，来决定新帖子的好坏：

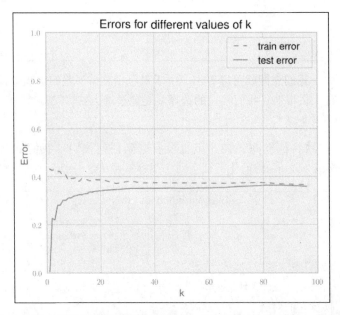

很明显，在这个情境中使用最邻近算法的时候，我们就面临着这样一个问题。此外，它还有另一个缺点。随着时间的增加，进入系统的帖子会越来越多。由于最邻近方法是一种基于示例的方法，我们必须在系统中存储所有的帖子。而我们得到的帖子越多，预测性能就会越慢。这跟基于模型的方法是不同的，在那里我们会从数据中得到一个模型。

所以在这里，我们现在有充足的理由抛弃最邻近方法，我们需要在分类算法世界中寻找更好的方法。当然，我们永远也无法知道是否会存在一个我们没想到过的完美特征。但是现在，让我们移步到另一个分类方法吧，这个方法在基于文本的分类情景中做得非常出色。

5.6 采用逻辑回归

与它的名字相反，逻辑回归是一种分类方法。当它处理基于文本的分类任务时，功能非常强大。在处理任务时它首先会用一个逻辑函数来进行回归，这也是这个名字的由来。

5.6.1 一点数学和一个小例子

为了对逻辑回归的工作方式有一个初步的理解，让我们先看看下面这个例子。我们在x轴上画出了一组人工构造的特征值，以及它们对应的类别（0或1）。正如我们所看到的，数据中有很多噪声，使得在1到6的特征值区间上，类别有很多重叠。因此，不直接对离散类别建模，而是得到特征值属于类别1的概率$P(X)$，会更好一些。一旦有了这样一个模型，我们就可以进行预测，当$P(X)>0.5$的时候样本属于类别1，在其他情况下属于类别0。

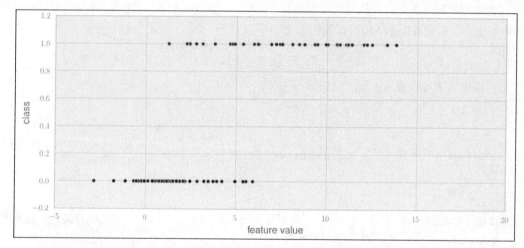

从数学上来说，对一个有有限区间的事物建模总是有些困难，就像本例里面我们的离散标签0和1。然而，我们可以对概率进行一点调整，使得它们总是在0到1之间。为此，我们需要使用让步比（odds ratio），以及它的对数。

我们假设一下，一个特征有0.9的概率属于类别1，也就是，$P(y=1)=0.9$，那么让步比就是$P(y=1)/(P(y=0))=0.9/0.1=9$。也就是说，这个特征映射到类别1的机会是9∶1。如果$P(y=0.5)$，那么这个样本属于类别1的机会将是1∶1。让步比以0为下界，但没有上限，可以达到无限大（下图中的左图）。如果对它取对数，我们就可以把所有0到1之间的概率映射到负无穷到正无穷的整个区间上（下图中的右图）。这种方式最好的一点就是，我们仍然保持着这样一个关系：更高的概率对应于更高的让步比对数——这不再限于0或1了。

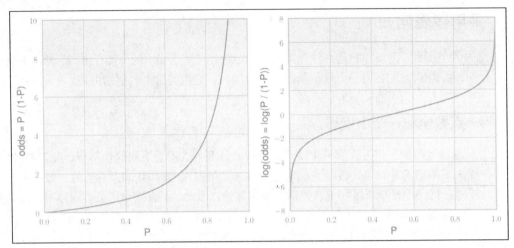

这意味着我们现在可以把特征的线性组合（是的，我们现在只有一个特征和一个常量，但马上就会有更多）拟合成log(odds)。让我们考虑一下第1章中的线性等式，如下所示：

$$y_i = c_0 + c_1 x_i$$

它可以用如下等式替换（用p来替换y）：

$$\log\left(\frac{p_i}{1-p_i}\right) = c_0 + c_1 x_i$$

我们可以从等式中求解p_i，如下式所示：

$$p_i = \frac{1}{1+e^{-(c_0+c_1 x_i)}}$$

我们可以找到适当的系数，使得上述式子在所有数据对(x_i, p_i)中能给出最低的误差。这个可以用Scikit-learn实现。

将数据拟合到类别标签之后，这个公式对每一个新数据点x都可以给出x属于类别1的概率。参考如下代码：

```
>>> from sklearn.linear_model import LogisticRegression
>>> clf = LogisticRegression()
>>> print(clf)
LogisticRegression(C=1.0, class_weight=None, dual=False, fit_
intercept=True, intercept_scaling=1, penalty=l2, tol=0.0001)
>>> clf.fit(X, y)
>>> print(np.exp(clf.intercept_), np.exp(clf.coef_.ravel()))
[ 0.09437188] [ 1.80094112]
>>> def lr_model(clf, X):
return 1 / (1 + np.exp(-(clf.intercept_ + clf.coef_*X)))
>>> print("P(x=-1)=%.2f\tP(x=7)=%.2f"%(lr_model(clf, -1), lr_
model(clf, 7)))
P(x=-1)=0.05     P(x=7)=0.85
```

你可能已经注意到，Scikit-learn可以通过特殊字段intercept_把第一个系数暴露出来。

如果把拟合的模型画出来，我们就可以看到它对于给定数据是非常有意义的：

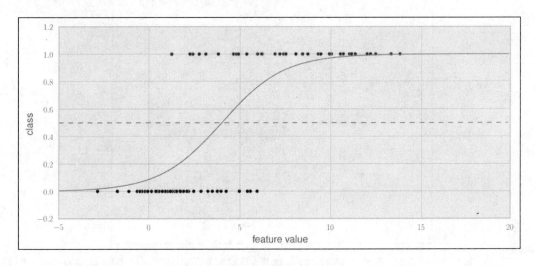

5.6.2　在帖子分类问题上应用逻辑回归

诚然，前一节的例子显示出了逻辑回归的美妙之处。那么用它来处理极其嘈杂的数据，效果又如何呢？

将最邻近分类器（k=90）作为一个基线，我们可以看到，它的效果稍微好一点，但并没有使情况改变很多：

方　　法	均值（分数）	标准方差
LogReg C=0.1	0.631 0	0.027 91
LogReg C=100.00	0.630 0	0.031 70
LogReg C=10.00	0.630 0	0.031 70
LogReg C=0.01	0.629 5	0.027 52
LogReg C=1.00	0.629 0	0.032 70
90NN	0.628 0	0.027 77

我们已经看到采用不同正则化参数c所得到的正确率。通过它，我们可以控制模型的复杂度。这个类似于最邻近方法的参数k。较小的c值会带来较大的惩罚，这是说，它会使模型更为复杂。

让我们快速浏览一下最佳候选方案（c=0.1）的偏差-方差图。图中显示出，我们的模型具有高偏差——测试和训练误差很接近，但都处于难以接受的较高数值上。这意味着逻辑回归在目前的特征空间中是欠拟合的，无法学到一个能够正确拟合数据的模型。

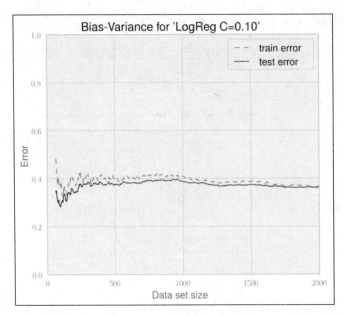

那现在怎么办呢？我们改变了模型，并且在目前所知的范围内把它尽可能调到了最好。但是我们仍然没有得到令人满意的分类器。

似乎，要么是对于我们的任务来说，数据过于嘈杂了，要么是对于区分不同类别来说，我们的特征集合还不是很适合。

5.7   观察正确率的背后：准确率和召回率

让我们回过头来再想想我们正在尝试实现什么。到现在为止我们是用正确率来衡量效果的，但事实上，我们并不需要一个分类器来完美地预测出好答案和坏答案。只需要把分类器调到对某一个类别预测的效果特别好，我们就可以把它反馈给用户。例如，如果我们的分类器总能对劣质答案做出正确预测，那在检测到一个劣质答案之前就无需反馈。反之，如果分类器总能正确预测优质答案，那么我们就可以在开始阶段为用户提供有帮助的评论，然后在分类器说它是优质答案的时候把这些评论删除。

要弄清现在所处的位置，我们需要理解如何评估准确率和召回率。要理解这些，需要深入看一下4种不同的分类结果，如下表所示：

		被分类成	
		正　　例	负　　例
事实上是	正例	真正例（TP）	假负例（FN）
	负例	假正例（FP）	真负例（TN）

例如，如果分类器把一个样本预测为正例，而这个样本确实是正例，那么这就是一个真正例。另一方面，如果分类器把样本分错了，比如将样本识别为负例，但实际上是正例，那这个样本就是假负例。

我们需要的是在预测帖子好坏的时候有一个高成功率，但并不一定两者都要。这是说，我们想要的是尽可能多的真正例。也就是准确率：

$$准确率 = \frac{TP}{TP+FP}$$

相反，如果我们的目标是检测出尽可能多的好/坏答案，我们就会对召回率更感兴趣：

$$召回率 = \frac{TP}{TP+FN}$$

下图显示了所有的好答案，以及被分类成好答案的答案。

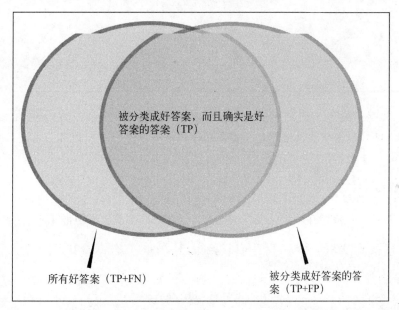

在前面的图表中，准确率是与右圈相交的部分，而召回率是与左圈相交的部分。

那么，我们应该如何优化准确率呢？到现在为止，我们一直是把0.5当做判别答案好坏的阈值。我们现在可以做的是，在0到1这个区间内变换阈值，同时统计TP、FP和FN样本的数量。有了这些统计值，我们就可以画出在不同召回率上的准确率。

矩阵模块中的`precision_recall_curve()`函数已经把所有这些都计算好了，如下面代码所示：

```
>>> from sklearn.metrics import precision_recall_curve
```

```
>>> precision, recall, thresholds = precision_recall_curve(y_test,
clf.predict(X_test)
```

一个类别的预测效果可接受，并不意味着对其他类别的预测也总是可接受的。这可以从下面两个图中看出来。我们画出了准确率/召回率曲线，分别针对劣质答案分类（左图）和优质答案分类（右图）：

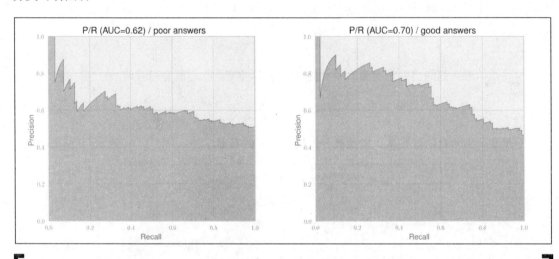

　　在前图中，我们还使用了一个更好的描述分类器性能的方法：曲线下面积（AUC）。这个可以理解为分类器的平均准确率，它是一种用于比较不同分类器效果的好方法。

可以看到，我们基本上可以不用考虑预测劣质答案了（左图）。这是因为预测劣质答案的准确率下降得非常快，并停留在难以接受的60%上，同时召回率也已经很低了。

然而，对于优质答案的预测，我们可以得到大于80%的准确率，同时召回率几乎为40%。让我们用下列代码找出所需要的阈值：

```
>>> thresholds = np.hstack(([0],thresholds[medium]))
>>> idx80 = precisions>=0.8
>>> print("P=%.2f R=%.2f thresh=%.2f" % \ (precision[idx80][0],
  recall[idx80][0], threshold[idx80][0]))
P=0.81 R=0.37 thresh=0.63
```

将阈值设为0.63，我们会看到，在检测优质答案的时候，如果可以接受37%的低召回率的话，我们仍然可以得到一个大于80%的准确率。这意味着，在3个好（原文有错）答案中我们只能检测到1个，但对这些已经检测到的答案，我们比较确定。

要把这个阈值应用到预测过程中，我们需要使用predict_proba()（它可以返回每个类别的概率）而不是predict()（它返回预测的类别本身）。

```
>>> thresh80 = threshold[idx80][0]
>>> probs_for_good = clf.predict_proba(answer_features)[:,1]
>>> answer_class = probs_for_good>thresh80
```

我们可以用classification_report确认我们得到了预期的准确率和召回率[①]：

```
>>> from sklearn.metrics import classification_report
>>> print(classification_report(y_test, clf.predict_proba [:,1]>0.63,
target_names=['not accepted', 'accepted']))
```

	precision	recall	f1-score	support
not accepted	0.63	0.93	0.75	108
accepted	0.80	0.36	0.50	92
avg / total	0.71	0.67	0.63	200

 使用这个阈值并不能保证我们总是能够得到高于之前用这个阈值所确定的准确率和召回率。

5.8 为分类器瘦身

每个特征的实际贡献是值得观察一下的。对于逻辑回归，我们通过已经掌握的系数（clf.coef_）直接就能获知这个对特征的影响力。一个特征的系数越高，这个特征在决定帖子好坏过程中的作用也就越大。因此，负值系数告诉我们，对应特征的分值越高，将帖子分类为坏帖子的信号也越强：

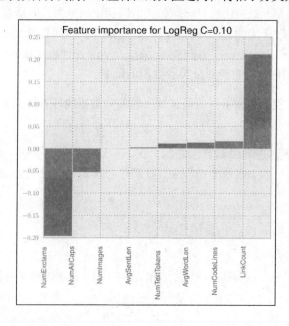

[①] 下方代码中的一些译文如下：Precision为"准确率"，recall为"召回率"，f1-score为"f1分值"，support为"支持"，not accepted为"不接受的"，accepted为"接受的"，avg / total为"平均/总量"。——译者注

我们看到LinkCount和NumExclams对总体分类决策的影响力最大。而NumImages和 AvgSentLen却扮演了一个相对边缘的角色。总体来说特征重要性在直觉上很有道理，但让人感到惊奇的是，NumImages基本上可以忽略。正常情况下，包含图像的答案，打分总是很高的。然而在现实中，答案中极少包含图像。所以它尽管在原则上是一个很有用的特征，但是太过稀疏了，没有什么价值。我们只需要把这个特征抛弃即可，最后仍然可以得到相同的分类效果。

5.9   出货

假设我们想把这个分类器整合到我们的网站中，那么我们肯定不想在每次使用分类服务时都训练一次分类器。那么，我们可以在训练之后把分类器序列化，然后在网站上反序列化解析出来：

```
>>> import pickle
>>> pickle.dump(clf, open("logreg.dat", "w"))
>>> clf = pickle.load(open("logreg.dat", "r"))
```

恭喜，分类器现在就像刚被训练好的时候一样，可以使用了。

5.10   小结

我们做成了！针对一个十分嘈杂的数据集，构建了一个分类器，然后达到我们的部分目标。当然，我们需要实事求是，把初始的目标调整到可以达成的地方。但是在这个过程中，我们了解到了最邻近和逻辑回归算法的强项和弱点。我们学到了如何提取特征，例如LinkCount、NumTextTokens、NumCodeLines、AvgSentLen、AvgWordLen、NumAllCaps、NumExclams和NumImages，以及如何分析它们对分类器性能的影响。

但更有价值的是，我们掌握了一个调试效果较差分类器的好方法。这在未来将帮助我们更快地构建有效的系统。

在深入了解最邻近和逻辑回归算法之后，在下一章里我们将会进一步学习另一个简单而强大的分类算法：朴素贝叶斯。在这个过程中，我们还会学到如何使用Scikit-learn里一些更便捷的工具。

## 第 6 章

分类II：情感分析

6

对于公司来说，紧密监控公众对重要事件（例如产品发布或者新闻发布）的态度十分重要。由于推特（Twitter）里由用户生成的内容已经很容易实时访问到，因此我们现在可以对推文的情感进行分类。有时这也叫做观点挖掘（opinion mining）。这是一个非常活跃的研究领域，而且一些公司已经开始销售这类产品了。可见市场前景广阔。因此，我们有充足的理由用前一章中构建的分类模型来制作自己的情感分类器。

6.1 路线图概述

对推文进行情感分析是比较困难的，因为推文的长度有140个字符的限制。这就导致一些特殊句法，创造性缩写，以及很少碰到的句式的出现。因此，分析句子，聚集文段的情感信息，然后再计算文档总体情感这样的通用方法，在这里并不奏效。

准确地说，我们并不是要构建一个先进的情感分类器。相反，我们要做到以下几点。

❑ 将这个应用情景作为一种手段来介绍另一个分类算法：朴素贝叶斯。
❑ 阐释词性（Part Of Speech，POS）标注是如何工作的，以及怎样用它来帮助我们。
❑ 展示Scikit-learn工具箱中一些偶尔出现的小技巧。

6.2 获取推特（Twitter）数据

不用说，我们需要获取推文以及它们对应的标签，从而了解这个推文包含了正面、负面还是中性的情感。在本章中，我们会使用来自于Niek Sanders的语料库。他完成了令人敬畏的标注5000多个推文的工作，并允许我们在本章里使用。

为了遵从推特的服务条款，在本章里我们并不会提供任何推特的数据或者显示出任何真实的推文。相反，我们会使用Sanders的人工标注数据（它包含推文的ID和情感标签），并使用脚本install.py来获取相应的推特数据。这个脚本与推特服务器能够很好地交互，下载所有5000多个推文只需要一点时间。所以，现在就开始吧。

数据中包含4种情感标签：

```
>>> X, Y = load_sanders_data()
>>> classes = np.unique(Y)
>>> for c in classes:
        print("#%s: %i" % (c, sum(Y==c)))
#irrelevant: 543
#negative: 535
#neutral: 2082
#positive: 482
```

把无关的和中性的标签放在一起，并忽略所有的非英语推文，最后会得到3642个推文。我们很容易就可以从推特提供的数据里面把这些推文过滤出来。

6.3   朴素贝叶斯分类器介绍

朴素贝叶斯可能是最优美的有实际效用的机器学习算法之一了。尽管它的名字叫做朴素，但当你看到它的分类效果的时候，你会发现它并不是那么朴素。它对无关特征的处理能力十分彪悍，无关特征会被自然忽略掉。用它进行学习和预测的速度都很快，而且它并不需要很大存储空间。所以，为什么叫它朴素呢？

朴素之所以成为它名字的一部分，是因为有一个能让贝叶斯方法最优工作的假设：所有特征需要相互独立。然而，在实际应用中，这种情况很少发生。尽管如此，在实践中，甚至在独立假设并不成立的情况下，它仍然能达到非常好的正确率。

6.3.1   了解贝叶斯定理

朴素贝叶斯的核心功能是跟踪哪个特征在哪个类别中出现。为了更容易理解这些，让我们假设下面这些变量的含义。我们将会用它们来解释朴素贝叶斯方法。

变　　量	可能的取值	含　　义
C	"pos" "neg"	推文的类别（正或负）
F_1	非负整数	统计awesome在推文中出现的次数
F_2	非负整数	统计crazy在推文中出现的次数

在训练阶段，我们学习了朴素贝叶斯模型，就是在已知特征F_1和F_2的情况下样本属于某类别C的概率。这个概率可以写成$P(C \mid F_1, F_2)$。

由于我们无法直接估计出这个概率，我们可以使用一个技巧，而这个技巧正是由贝叶斯发现的：

$$P(A) \cdot P(B \mid A) = P(B) \cdot P(A \mid B)$$

如果我们把 A 替换成特征 F_1 和 F_2 共现的概率，把 B 想象成我们的类别 C，那么就会得到一个关联关系，可以帮我们求出数据样本属于某个特定类别的概率：

$$P(F_1, F_2) \cdot P(C \mid F_1, F_2) = P(C) \cdot P(F_1, F_2 \mid C)$$

我们可以用其他概率来表达 $P(C \mid F_1, F_2)$：

$$P(C \mid F_1, F_2) = \frac{P(C) \cdot P(F_1, F_2 \mid C)}{P(F_1, F_2)}$$

我们也可以说：

$$后验概率 = \frac{prior \cdot likelihood}{evidence}$$

先验（prior）和证据（evidence）的数值很容易确定。

❑ $P(C)$ 就是在不知道数据时类别 C 时的先验概率。这个数值可以通过计算训练集中属于特定类别的样本比例来得到。

❑ $P(F_1, F_2)$ 就是证据，或是说是特征 F_1 和 F_2 的概率。这可以通过计算训练集中含有特定特征值的样本比例来得到。

❑ 比较微妙的部分是计算似然（likelihood）$P(F_1, F_2 \mid C)$。这个值告诉我们，如果知道样本的类别 C，那么有多大的可能性可以看到特征值 F_1 和 F_2。要估计这个概率，我们需要多一点思考。

6.3.2 朴素

在概率论中，我们还知道以下关系：

$$P(F_1, F_2 \mid C) = P(F_1 \mid C) \cdot P(F_2 \mid C, F_1)$$

然而，这个式子本身并没有多大帮助，因为我们把一个困难的问题（估算 $P(F_1, F_2 \mid C)$）变成了另外一个困难问题（估算 $P(F_2 \mid C, F_1)$）。

然而，如果我们朴素地假设 F_1 和 F_2 相互独立，那么就可以把 $P(F_2 \mid C, F_1)$ 简化成 $P(F_2 \mid C)$，写成如下式子：

$$P(F_1, F_2 \mid C) = P(F_1 \mid C) \cdot P(F_2 \mid C)$$

如果把所有东西都放在一起，我们就可以得到一个比较容易处理的式子：

$$P(C \mid F_1, F_2) = \frac{P(C) \cdot P(F_1 \mid C) \cdot P(F_2 \mid C)}{P(F_1, F_2)}$$

有趣的是，我们随心所欲对假设进行调整，在理论上可能并不正确，但在实际应用中却会产生令人惊讶的效果。

6.3.3 使用朴素贝叶斯进行分类

对一个给定的新推文，剩下的工作就是简单地计算概率：

$$P(C = \text{“pos”}|F_1, F_2) = \frac{P(C=\text{“pos”}) \cdot P(F_1|C=\text{“pos”}) \cdot P(F_2|C=\text{“pos”})}{P(F_1, F_2)}$$

$$P(C = \text{“neg”}|F_1, F_2) = \frac{P(C=\text{“neg”}) \cdot P(F_1|C=\text{“neg”}) \cdot P(F_2|C=\text{“neg”})}{P(F_1, F_2)}$$

我们还需要选择概率最高的类别C_{best}。对于这两个类别来说，由于分母$P(F_1, F_2)$都是一样的，所以我们可以把它们简单忽略，这并不会改变最后胜出的类别。

但要注意的是，我们不用再计算任何概率，相反，我们要根据给定的证据估算出哪个类别更有可能。这就是朴素贝叶斯为什么比较健壮的另一个原因：它对真实概率并不感兴趣，而只是注重哪个类别更有可能。简而言之，我们可以把它写成：

$$C_{\text{best}} = \arg\max_{c \in C} P(C = c) \cdot P(F_1|C = c) \cdot P(F_2|C = c)$$

这里我们对所有类别C（"pos"和"neg"）都计算了argmax后面那一项，并返回数值最高的类别。

但在下面这个例子中，让我们将真实概率保留下来，并进行了一些计算，来看看朴素贝叶斯是如何工作的。为简单起见，假设推文只包括前面出现的两个词语awesome和crazy，并且，我们已经对少量推文进行了人工分类：

推　　文	类　　别
awesome	正
awesome	正
awesome crazy	正
crazy	正
crazy	负
crazy	负

在这里我们有6个推文，其中4个是正例，2个是负例，可以得到以下先验概率：

$$P(C = \text{“pos”}) = \frac{4}{6} \approx 0.67$$
$$P(C = \text{“neg”}) = \frac{2}{6} \approx 0.33$$

这意味着，我们在不知道推文本身任何信息的情况下，就可以假设推文是正例。

这里还落下了对$P(F_1 \mid C)$和$P(F_2 \mid C)$的计算。它们是特征F_1和F_2相对于类别C的条件概率。

要得到这两个概率，可以用包含具体特征值的推文个数除以标注为类别C的推文个数来计算。比如我们希望知道在类别为"正"的推文中看到一次awesome的概率；我们有以下公式：

$$P(F_1 = 1 | C = \text{"pos"}) = \frac{\#\text{包含一次awesome的推文正例}}{\#\text{推文正例}} = \frac{3}{4} = 0.75$$

既然在4个推文正例中有3个包含了词语awesome，那么显然，不包含awesome的推文正例的概率与此相反，这是因为我们只使用了词语个数为0或1的推文：

$$P(F_1 = 0 | C = \text{"pos"}) = 1 - P(F_1 = 1 | C = \text{"pos"}) = 0.25$$

剩下的概率也与此类似（这里忽略了不在推文中出现的词语）：

$$P(F_2 = 1 | C = \text{"pos"}) = \frac{2}{4} = 0.25$$
$$P(F_1 = 1 | C = \text{"neg"}) = \frac{0}{2} = 0$$
$$P(F_2 = 1 | C = \text{"neg"}) = \frac{2}{2} = 1$$

为了保持完整性，我们还要计算证据，以便可以在下面这个示例推文中得到真实概率。对于F_1和F_2两个特征的具体值，我们计算证据如下：

$$P(F_1, F_2) = P(F_1, F_2 | C = \text{"pos"}) \cdot P(C = \text{"pos"}) + \text{""}$$
$$\text{""} P(F_1, F_2 | C = \text{"neg"}) \cdot P(C = \text{"neg"})$$

符号""可以得到下面这些值：

$$P(F_1 = 1, F_2 = 1) = \frac{1}{3} \cdot \frac{4}{6} + 0 \cdot \frac{2}{6} = 0.22$$
$$P(F_1 = 1, F_2 = 0) = \frac{2}{3} \cdot \frac{4}{6} + 0 \cdot \frac{2}{6} = 0.44$$
$$P(F_1 = 0, F_2 = 1) = 0 \cdot \frac{4}{6} + 1 \cdot \frac{2}{6} = 0.33$$
$$P(F_1 = 0, F_2 = 0) = 0$$

现在拥有了对新推文进行分类所需的所有数据。接下来，唯一要做的就是解析推文，并提取特征。

推文	F_1	F_2	类别概率	分类结果
awesome	1	0	$P(C = \text{"pos"} \| F_1, F_2) = \frac{0.67 \cdot 0.75 \cdot 0.5}{0.44} = 0.57$	正例
			$P(C = \text{"neg"} \| F_1, F_2) = \frac{0.33 \cdot 0 \cdot 0}{0.44} = 0$	
crazy	0	1	$P(C = \text{"pos"} \| F_1, F_2) = \frac{0.67 \cdot 0.25 \cdot 0.5}{0.33} = 0.25$	负例
			$P(C = \text{"neg"} \| F_1, F_2) = \frac{0.33 \cdot 1 \cdot 1}{0.33} = 1$	
awesome crazy	1	1	$P(C = \text{"pos"} \| F_1, F_2) = \frac{0.67 \cdot 0.75 \cdot 0.5}{0.33} = 0.76$	正例
			$P(C = \text{"neg"} \| F_1, F_2) = \frac{0.33 \cdot 0 \cdot 1}{0.33} = 0$	
awesome text	0	0	$P(C = \text{"pos"} \| F_1, F_2) = \frac{0.67 \cdot 0.75 \cdot 0}{0} = ?$	未定义，因为我们在推文中没
			$P(C = \text{"neg"} \| F_1, F_2) = \frac{0.33 \cdot 0 \cdot 0}{0} = ?$	见过这个词语

到现在为止，一切看起来都很好。对简单推文的分类看上去很有道理，除了最后一个会除以0。那么我们该如何处理这种情况呢？

6.3.4 考虑未出现的词语和其他古怪情况

在计算前面提到的概率时，我们其实欺骗了自己。我们并没有计算出真实概率，只是通过比例大致得出了一个近似值。当时我们假设训练语料已经告诉了我们关于真实概率的所有真相，但实际上并没有。一个只有6个推文的语料明显无法告诉我们曾写过的各种推文的所有信息。例如，肯定有一些推文用到了"text"这个词语，但我们还没有看到。显然，我们的近似太过粗糙了，我们应该把这些没有看到过的词语也考虑进去。在实践中，这通常是通过"加1平滑"（add-one smoothing）实现的。

> 加1平滑有时也叫做**加法平滑**（additive smoothing）或者拉普拉斯平滑（Laplace smoothing）。注意，拉普拉斯平滑和**拉普拉斯算子平滑**（Laplacian smoothing）没有任何关系。拉普拉斯算子平滑是关于多边形网格平滑的。如果你不是通过加1，而是通过一个可调整的大于0的参数alpha来平滑，那么这就叫做**Lidstone平滑**。

这是一个非常简单的技术，只需要在所有计数上加1就可以实现了。它背后的假设是，即使我们在整个语料中并没有看到过某个词语，但仍有一点可能性是因为我们的推文样本中只是碰巧没有包含那个词语。所以，采用加1平滑之后，我们假装每个词语都出现过一次，虽然这和我们实际看到的不同。这意味着将不会按照下面的方式计算：

$$P(F_1 = 1 | C = \text{"pos"}) = \tfrac{3}{4} = 0.75$$

而是像现在这样计算：

$$P(F_1 = 1 | C = \text{"pos"}) = \tfrac{3+1}{4+2} = 0.67$$

我们为什么要在分母上加2呢？因为我们必须确保最后的结果仍然是一个概率。因此，我们就需要对计数进行归一化，使所有的概率相加得1。和当前数据集中的awesome一样，会出现两种情况：0次或1次。事实确实如此，我们得到的总体概率为1：

$$P(F_1 = 1 | C = \text{"pos"}) + P(F_1 = 0 | C = \text{"pos"}) = \tfrac{3+1}{4+2} + \tfrac{1+1}{4+2} = 1$$

同样，我们也对先验概率进行平滑：

$$P(C = \text{"pos"}) = \tfrac{4+1}{6+2} \approx 0.625$$

6.3.5 考虑算术下溢

这里还有另外一个路障。在现实中，我们要处理的概率值比这个简单例子要小得多。在现实中，我们不止使用两个特征，还可能将它们相乘。这将就会导致NumPy所提供的精度不够用：

```
>>> import numpy as np
>>> np.set_printoptions(precision=20) # tell numpy to print out more
digits (default is 8)
>>> np.array([2.48E-324])
array([ 4.94065645841246544177e-324])
>>> np.array([2.47E-324])
array([ 0.])
```

那么，有多大的可能性碰到形如2.47E-324这样的数字呢？要回答这个问题，我们只需要想象一个条件概率0.000 1，然后把65个概率乘在一起（意思是说，我们有65个这样的低概率的特征值）。你就会看到算术下溢：

```
>>> x=0.00001
>>> x**64 # 仍然可以
1e-320
>>> x**65 # 哎哟
0.0
```

Python中的float通常是由C中的double实现的。要验证你的平台是否有这个问题，你可以通过以下方式查看：

```
>>> import sys
>>> sys.float_info
sys.float_info(max=1.7976931348623157e+308, max_exp=1024, max_10_exp=308,
min=2.2250738585072014e-308, min_exp=-1021, min_10_exp=-307, dig=15, mant_dig=53,
epsilon=2.220446049250313e-16, radix=2, rounds=1)
```

要进行移植，你可以改用其他数学函数库，例如mpmath（http://code.google.com/p/mpmath/），它允许任意精度。然而，它们的速度不够快，不足以代替NumPy。

幸运的是，我们有一个更好的方式来处理它，这和一个看起来很优美的关系式有关，你可能在学校的时候就已经知道它了：

$$\log(x \cdot y) = \log(x) + \log(y)$$

如果把它应用到我们的例子里，就可以得到下面这个式子：

$$\log \left[P(C) \cdot P(F_1|C) \cdot P(F_2|C) \right] = \log P(C) + \log P(F_1|C) + \log P(F_2|C)$$

由于概率值处于0到1的区间之中，概率值取log后会处于$-\infty$到0之间。你不要因为这个而感到不快。较高的值仍然强烈地预示着正确的类别——只不过它们现在是负值而已。

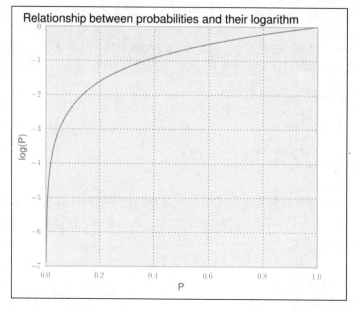

有一个需要注意的地方：实际上我们在公式中并没有使用log（前面的部分），而是只使用了概率的乘积。在这里很幸运，我们对概率的实际数值并不感兴趣。我们只想知道哪个类别具有最高的后验概率。我们是幸运的，因为如果我们发现：

$$P(C = \text{"pos"}|F_1, F_2) > P(C = \text{"neg"}|F_1, F_2)$$

那我们就可以有如下关系：

$$\log P(C = \text{"pos"}|F_1, F_2) > \log P(C = \text{"neg"}|F_1, F_2)$$

浏览一下前图就可以看到，曲线从左到右不会下降。简而言之，取对数并不会改变最高值。所以我们保留之前使用过的公式：

$$C_{\text{best}} = \arg\max{}_{c \in C}\ P(C = c) \cdot P(F_1|C = c) \cdot P(F_2|C = c)$$

我们会用它来得到用这两个特征在真实数据上推算最佳类别的公式：

$$C_{\text{best}} = \arg\max{}_{c \in C} \log P(C = c) + P(F_1|C = c) + \log P(F_2|C = c)$$

当然，如果只使用两个特征，效果不会很好。所以让我们重写这个公式，使它能允许包含任意多个特征：

$$C_{\text{best}} = \arg\max{}_{c \in C} \left(\log P(C = c) + \sum_k P(F_k|C = c)\right)$$

我们已经准备好了，使用来自Scikit-learn工具箱的我们的第一个分类器吧。

6.4 创建第一个分类器并调优

朴素贝叶斯分类器居于`sklearn.naive_bayes`工具包之中。那里有不同种类的朴素贝叶斯分类器。

- ❏ **GaussianNB** 它假设特征是正太分布的（Gaussian）。它的一个使用场景是，根据给定人物的高度和宽度，判定这个人的性别。而我们的例子，从给定推文文本中提取出词语的个数，很明显不是正太分布的。
- ❏ **MultinomialNB** 它假设特征就是出现次数。这和我们是相关的，因为我们会把推文中的词频当做特征。在实践中，这个分类器对TF-IDF向量也处理得不错。
- ❏ **BernoulliNB** 这和MultinomialNB类似，但更适合判断词语是否出现了这种二值特征，而不是词频统计。

由于我们主要要看词语出现次数，所以MultinomialNB最适合。

6.4.1 先解决一个简单问题

正如我们在推文数据中所看到的，推文的情感并不只有正面或负面。实际上大多数推文并不包含任何情感，它们是中性的或者无关的，例如一些原始信息（New book: Building Machine Learning ... http://link）。这会产生4个类别。为避免任务过于复杂，我们只专注于正面和负面的推文：

```
>>> pos_neg_idx=np.logical_or(Y=="positive", Y=="negative")
>>> X = X[pos_neg_idx]
>>> Y = Y[pos_neg_idx]
>>> Y = Y=="positive"
```

现在，我们有了原始推文文本（在x中）和二分类结果（在Y中）；我们将0赋予负例，将1赋予正例。

正如在前一章中所学到的，我们可以创建TfidfVectorizer，将原始推文文本转换为TF-IDF特征值。我们把它们和标签放在一起，来训练第一个分类器。为方便起见，我们使用Pipeline类。它允许我们将向量化处理器和分类器结合到一起，并提供相同的接口：

```
from sklearn.feature_extraction.text import TfidfVectorizer
from sklearn.naive_bayes import MultinomialNB
from sklearn.pipeline import Pipeline

def create_ngram_model():
    tfidf_ngrams = TfidfVectorizer(ngram_range=(1, 3),
                    analyzer="word", binary=False)
    clf = MultinomialNB()
    pipeline = Pipeline([('vect', tfidf_ngrams), ('clf', clf)])
    return pipeline
```

create_ngram_model() 函数返回的 Pipeline 实例可以用于 fit() 和 predict()，就像我们有一个正常的分类器。

由于并没有太多的数据，所以我们要进行交叉验证。然而在这个时候，我们并不使用 KFold，因为它会把数据切分成连续的几折。相反，我们使用 ShuffleSplit。它会将数据打散，但并不能保证相同的数据样本不会出现在多个数据折中。对于每一折数据，我们会跟踪准确-召回曲线下面的面积，以及正确率。

为了使我们的实验进程保持敏捷，让我们把所有东西都打包在一起，放在 train_model() 函数中。它会把创建分类器的函数当做参数传入：

```python
from sklearn.metrics import precision_recall_curve, auc
from sklearn.cross_validation import ShuffleSplit

def train_model(clf_factory, X, Y):
    # 设置随机状态来得到确定性的行为
    cv = ShuffleSplit(n=len(X), n_iter=10, test_size=0.3,
        indices=True, random_state=0)

    scores = []
    pr_scores = []

    for train, test in cv:
        X_train, y_train = X[train], Y[train]
        X_test, y_test = X[test], Y[test]

        clf = clf_factory()
        clf.fit(X_train, y_train)

        train_score = clf.score(X_train, y_train)
        test_score = clf.score(X_test, y_test)

        scores.append(test_score)
        proba = clf.predict_proba(X_test)

        precision, recall, pr_thresholds = precision_recall_curve(y_test,
proba[:,1])

        pr_scores.append(auc(recall, precision))

    summary = (np.mean(scores), np.std(scores),
            np.mean(pr_scores), np.std(pr_scores))
    print "%.3f\t%.3f\t%.3f\t%.3f"%summary

>>> X, Y = load_sanders_data()
>>> pos_neg_idx=np.logical_or(Y=="positive", Y=="negative")
>>> X = X[pos_neg_idx]
>>> Y = Y[pos_neg_idx]
>>> Y = Y=="positive"
>>> train_model(create_ngram_model)
0.805    0.024    0.878    0.016
```

当我们第一次尝试在向量化的TF-IDF三元组特征上使用朴素贝叶斯方法的时候，我们得到了80.5%的正确率，以及87.8%的P/R AUC。下图显示了P/R图表，它比前一章中看到的结果更加令人鼓舞。

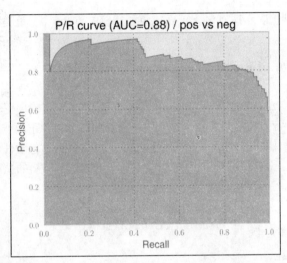

这是第一次，结果振奋人心。当我们意识到在情感分类任务中100%的正确率可能永远也无法达到的时候，这些结果更加令人印象深刻。对一些推文，我们人类甚至也经常无法对分类的标签达成一致。

6.4.2　使用所有的类

但是，我们再一次简化了任务，虽然只简化了一点，只使用了正/负情感的推文。这意味着我们假设有一个完美的分类器，可以预先对推文中是否包含某种情感进行区分，并把结果传给我们的朴素贝叶斯分类器。

所以，如果我们对推文中是否包含情感也进行分类，那么效果会如何呢？要将此事弄个水落石出，我们先写了一个便捷的函数，用它返回修正后的类别数组。这个数组包含了一个情感列表，我们把它们看作正例。

```
def tweak_labels(Y, pos_sent_list):
    pos = Y==pos_sent_list[0]
    for sent_label in pos_sent_list[1:]:
pos |= Y==sent_label
    Y = np.zeros(Y.shape[0])
    Y[pos] = 1
    Y = Y.astype(int)

    return Y
```

注意，现在我们谈论的是两种不同的正例。一个推文的情感可以是正面的，这可以从训练数据的类别里把它区分出来。如果，例如，我们想要弄清楚从中性推文中区分出带有情感的推文的效果是如何的，那么可以按照下列方法进行：

```
>>> Y = tweak_labels(Y, ["positive", "negative"])
```

在Y中，1（正类别）表示所有包含正面或负面情感的推文，0（负类别）代表中性或者无关的推文。

```
>>> train_model(create_ngram_model, X, Y, plot=True)
0.767    0.014    0.670    0.022
```

正如预期的那样，P/R AUC下降得非常多，现在只有67%。正确率仍然很高，但这只是因为我们的数据集非常不平衡。在总共3642个推文中，只有1017个包含正面或负面情感，大约占全部推文的28%。这意味着如果我们创建一个分类器，总把推文分到不包含任何情感的类别中去，那么就已经得到到了72%的正确率。这就是为何在训练和测试数据不均衡的情况下要查看准确率和召回率的又一例证。

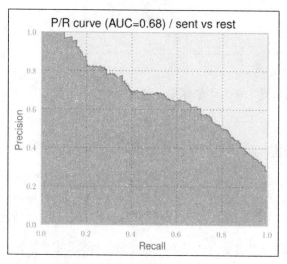

那么，用朴素贝叶斯分类器对"正面情感的推文 vs. 余下的推文"，或者"负面情感的推文 vs. 余下的推文"进行分类，效果又如何呢？一个字：差。

```
== Pos vs. rest ==
0.866    0.010    0.327    0.017
== Neg vs. rest ==
0.861    0.010    0.560    0.020
```

如果你问我，我会告诉你这个结果非常不可用。看看下图中的P/R曲线，我们还会发现其至连有用的准确率/召回率折中都没有，这并不像我们在前一章中做到的那样。

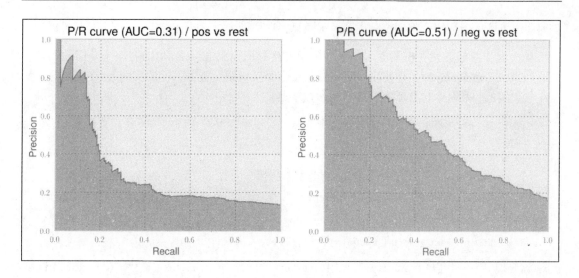

6.4.3　对分类器的参数进行调优

当然，我们还没有对当前的实验设置进行足够的探索。而这是应该多研究一下的。大致有两个应当实验一下的地方：`TfidfVectorizer`和`MultinomialNB`。由于我们还不太清楚具体应该探索哪里，所以让我们先把它们的参数值分一下类。

❑ `TfidfVectorizer`

- 使用不同的NGrams设置：一元组（1,1）、二元组（1,2）和三元组（1,3）。
- 采用`min_df`：1或者2。
- 探索IDF的影响，在`TF-IDF`中使用`user_idf`和`smooth_idf`：False和True。
- 是否删除停用词，通过设置`stop_words`为English或None。
- 是否对词频取对数（`sublinear_tf`）。
- 通过设置`binary`为True或False，来试验是否要追踪词语出现次数或者只是简单记录词语出现与否。

❑ `MultinomialNB`

- 通过设置`alpha`值，决定使用下面哪种平滑方法。
- 加1或拉普拉斯平滑：1。
- Lidstone平滑：0.01、0.05、0.1或0.5。
- 不使用平滑：0。

有一个简单的方法是，对所有这些有意义的取值都训练一个分类器，同时保持其他参数不变，然后查看分类器的效果。由于我们并不知道这些参数是否互相影响，所以要做得正确，就需要我们对每个可能的参数组合都训练分类器。很明显，这样做太过乏味冗长了。

因为这类参数搜索在机器学习任务中经常发生，所以Scikit-learn里面有一个专门的类处理它，叫做GridSearchCV。它使用一个估算器（一个接口跟分类器一样的实例），在我们这里是一个管道实例，和一个包含所有可能值的参数字典。

GridSearchCV要求字典的键遵守特定的格式，使得能够对正确的估算器设置参数。这个格式如下所示：

```
<estimator>__<subestimator>__...__<param_name>
```

现在，如果我们要指定TfidfVectorizer（在Pipline描述中叫做vect）中min_df参数的探索预期值，我们要说：

```
Param_grid={"vect__ngram_range"=[(1, 1), (1, 2), (1, 3)]}
```

这是说，将一元组（unigrams）、二元组（bigrams）和三元组（trigrams）作为TfidfVectorizer中ngram_range参数的参数值，让GridSeachCV去尝试。

然后，用所有可能的参数/值组合来训练估算器。最后，通过成员变量best_estimator_获得最优的估算器。

由于我们要拿返回的最优分类器和当前的最优分类器做比较，我们就需要使用同样的方式进行评估。因此，我们可以在CV参数中（这就是CV出现在GridSearchCV里的原因）把ShuffleSplit实例传递进去。

这里唯一缺少的东西就是定义GridSearchCV该如何选择最优评估算器。这可以通过为score_func参数提供一个目标评分函数（令人感到意外！）来达到。我们可以自己写一个，也可以从sklearn.metrics包中找一个。当然，我们不能使用metric.accuracy，因为我们的样本类别是不均衡的（包含情感的推文比中性的推文少得多）。相反，我们希望在两个类别上都得到很好的准确率和召回率：包含情感的推文和没有正面或负面意见的推文。一个将准确率和召回率结合起来的评估标准叫做F-measure标准。它由metrics.f1_score实现：

$$F = \frac{2 \times 准确率 \times 召回率}{准确率 + 召回率}$$

把所有东西放在一起，就得到了如下代码：

```
from sklearn.grid_search import GridSearchCV
from sklearn.metrics import f1_score

def grid_search_model(clf_factory, X, Y):
    cv = ShuffleSplit(
        n=len(X), n_iter=10, test_size=0.3, indices=True, random_state=0)

    param_grid = dict(vect__ngram_range=[(1, 1), (1, 2), (1, 3)],
```

```
                    vect__min_df=[1, 2],
                    vect__stop_words=[None, "english"],
                    vect__smooth_idf=[False, True],
                    vect__use_idf=[False, True],
                    vect__sublinear_tf=[False, True],
                    vect__binary=[False, True],
                    clf__alpha=[0, 0.01, 0.05, 0.1, 0.5, 1],
                    )

    grid_search = GridSearchCV(clf_factory(),
                            param_grid=param_grid,
                            cv=cv,
                            score_func=f1_score,
                            verbose=10)
    grid_search.fit(X, Y)

    return grid_search.best_estimator_
```

在执行下列代码的时候我们需要有一点耐心：

```
clf = grid_search_model(create_ngram_model, X, Y)
print clf
```

这是因为我们是在$3 \times 2 \times 2 \times 2 \times 2 \times 2 \times 2 \times 6 = 1152$的参数组合中进行参数搜索——每一个都要在10折数据上进行训练：

```
... waiting some hours ...
Pipeline(clf=MultinomialNB(
          alpha=0.01, class_weight=None,
         fit_prior=True),
        clf__alpha=0.01,
        clf__class_weight=None,
        clf__fit_prior=True,
        vect=TfidfVectorizer(
          analyzer=word, binary=False,
            charset=utf-8, charset_error=strict,
          dtype=<type 'long'>, input=content,
          lowercase=True, max_df=1.0,
          max_features=None, max_n=None,
          min_df=1, min_n=None, ngram_range=(1, 2),
          norm=l2, preprocessor=None, smooth_idf=False,
          stop_words=None,strip_accents=None,
          sublinear_tf=True, token_pattern=(?u)\b\w\w+\b,
          token_processor=None, tokenizer=None,
          use_idf=False, vocabulary=None),
        vect__analyzer=word, vect__binary=False,
        vect__charset=utf-8,
        vect__charset_error=strict,
        vect__dtype=<type 'long'>,
        vect__input=content, vect__lowercase=True,
        vect__max_df=1.0, vect__max_features=None,
        vect__max_n=None, vect__min_df=1,
        vect__min_n=None, vect__ngram_range=(1, 2),
```

```
vect__norm=l2, vect__preprocessor=None,
vect__smooth_idf=False, vect__stop_words=None,
vect__strip_accents=None, vect__sublinear_tf=True,
vect__token_pattern=(?u)\b\w\w+\b,
vect__token_processor=None, vect__tokenizer=None,
vect__use_idf=False, vect__vocabulary=None)
0.795    0.007    0.702    0.028
```

采用之前的设置，最优估算器确实将 P/R AUC 提升了将近 3.3%，达到 70.2%。

如果我们用刚发现的参数来配置向量化处理器和分类器，那么"正面情感的推文 vs. 余下的推文"和"负面情感的推文 vs. 余下的推文"的结果将会提升：

```
== Pos vs. rest ==
0.883    0.005    0.520    0.028
== Neg vs. rest ==
0.888    0.009    0.631    0.031
```

确实，P/R 曲线看起来好了很多（注意这些图来自于中间的某一折分类器，所以 AUC 值有一些微小的偏离）：

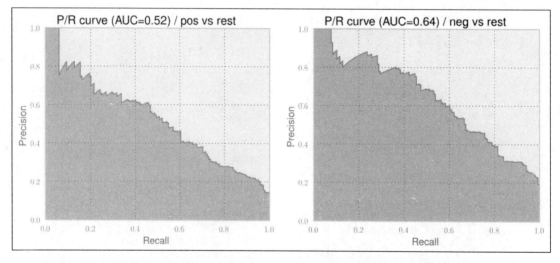

然而，我们可能依然不会使用这些分类器。是时候尝试一些完全不同的东西了！

6.5　清洗推文

新的限制会产生新的形式。毫无例外，推特就属于这一种。因为文本必须合乎 140 个字符的限制，人们自然就开发出了新的语言简写形式，用更少的字符来说同样的事情。但到目前为止，我们忽略了这些多种多样的表情和缩写。让我们看看如果把这些也考虑进去的话，将带来多少提升。对此，我们将会为 TfidfVectorizer 提供自己定制的 preprocessor()。

首先，我们在一个字典中定义了一系列常用表情和它们的替代词语。尽管可以找到更多的替代词语，但我们只采用那些明显带有正面或负面情感的词语来帮助分类器：

```python
emo_repl = {
    # 正面情感的表情
    "&lt;3": " good ",
    ":d": " good ", # 小写的:D
    ":dd": " good ", # 小写的 :DD
    "8)": " good ",
    ":-)": " good ",
    ":)": " good ",
    ";)": " good ",
    "(-:": " good ",
    "(:": " good ",

    # 负面情感的表情
    ":/": " bad ",
    ":&gt;": " sad ",
    ":')": " sad ",
    ":-(": " bad ",
    ":(": " bad ",
    ":S": " bad ",
    ":-S": " bad ",
    }

# 确保:dd在:d之前被替代
emo_repl_order = [k for (k_len,k) in reversed(sorted([(len(k),k) for k in
emo_repl.keys()]))]
```

然后，我们用正则表达式及其扩展（\b标记出词语边界）来定义那些缩写形式：

```python
re_repl = {
    r"\br\b": "are",
    r"\bu\b": "you",
    r"\bhaha\b": "ha",
    r"\bhahaha\b": "ha",
    r"\bdon't\b": "do not",
    r"\bdoesn't\b": "does not",
    r"\bdidn't\b": "did not",
    r"\bhasn't\b": "has not",
    r"\bhaven't\b": "have not",
    r"\bhadn't\b": "had not",
    r"\bwon't\b": "will not",
    r"\bwouldn't\b": "would not",
    r"\bcan't\b": "can not",
    r"\bcannot\b": "can not",
    }

def create_ngram_model(params=None):
    def preprocessor(tweet):
        global emoticons_replaced
        tweet = tweet.lower()
```

```
        #返回 tweet.lower()
        for k in emo_repl_order:
            tweet = tweet.replace(k, emo_repl[k])
        for r, repl in re_repl.iteritems():
            tweet = re.sub(r, repl, tweet)

        return tweet

    tfidf_ngrams = TfidfVectorizer(preprocessor=preprocessor,
                                   analyzer="word")

    # ...
```

当然，还有更多的缩写可以在这里使用。但就是使用这个有限的集合，我们已经在"有情感的推文 vs. 无半点情感的推文"的分类中得到了效果提升，达到了70.7%：

```
== Pos vs. neg ==
0.804    0.022    0.886    0.011
== Pos/neg vs. irrelevant/neutral ==
0.797    0.009    0.707    0.029
== Pos vs. rest ==
0.884    0.005    0.527    0.025
== Neg vs. rest ==
0.886    0.011    0.640    0.032
```

6.6 将词语类型考虑进去

到目前为止，我们希望的是简单使用相互独立的词语，使词袋方法可以使用。然而，从我们的直觉上来看，中性推文中可能包含更大比例的名词，而正面或者负面情感的推文则更加丰富多彩，需要更多的形容词和动词。如果我们能利用推文中的语言信息，效果将会如何呢？如果能发现一个推文有多少词语是名词、动词、形容词等，那么分类器也可以在分类时把这些信息利用起来。

6.6.1 确定词语的类型

确定词语类型是词性标注（Part Of Speech tagging，POS标注）所要做的。词性标注器会对整句进行解析，目标是把它重新排列成一个依赖树的形式。树中的每个节点对应一个词语，而父子关系确定了这个词是依赖谁的。有了这个树，就可以做出更明智的决策，例如词语"book"是一个名词（"This is a good book"）还是一个动词（"Could you please book the flight?"）。

你可能已经猜到，NLTK在这里也会扮演一个角色。确实，它包含了各种解析器和标注器。我们将要使用的POS标注器nltk.pos_tag()，其实是一个成熟的分类器。它是通过Pennn Treebank Project（http://www.cis.upenn.edu/~treebank）中的人工标注句子训练出来的。它将一列切分后的词语作为输入，输出一列元组，其中每个元素包含部分原始句子以及它们的词性标签：

```
>>> import nltk
>>> nltk.pos_tag(nltk.word_tokenize("This is a good book."))
[('This', 'DT'), ('is', 'VBZ'), ('a', 'DT'), ('good', 'JJ'), ('book',
'NN'), ('.', '.')]
>>> nltk.pos_tag(nltk.word_tokenize("Could you please book the
flight?"))
[('Could', 'MD'), ('you', 'PRP'), ('please', 'VB'), ('book', 'NN'),
('the', 'DT'), ('flight', 'NN'), ('?', '.')]
```

这些POS标签缩写来自于Penn Treebank Project（改编自http://americannationalcorpus.org/ OANC/penn.html）。

POS标签	描 述	例 子
CC	并列连词	or
CD	基数词	2 second
DT	限定词	the
EX	存在there	there are
FW	外来词	kindergarten
IN	介词/从属连词	On、of、like
JJ	形容词	cool
JJR	形容词, 比较级形式	cooler
JJS	形容词, 最高级形式	coolest
LS	列表标记	1)
MD	情态动词	could、will
NN	名词, 单数或质量	book
NNS	名词复数	books
NNP	专有名词, 单数	Sean
NNPS	专有名词, 复数	Vikings
PDT	前置限定词	both the boys
POS	所有格结束词	friend's
PRP	人称代词	I、he、it
PRP$	所有格代词	my、his
RB	副词	However、usually、naturally、here、good
RBR	副词, 比较级形式	better
RBS	副词, 最高级形式	best
RP	助词	give up
TO	to	to go、to him
UH	感叹词	uhhuhhuhh
VB	动词, 基本形式	take
VBD	动词, 过去时	took
VBG	动词, 动名词/进行时	taking
VBN	动词, 过去分词	taken

（续）

POS标签	描 述	例 子
VBP	动词，单数，现在时，非3D	take
VBZ	动词，第三人称单数，现在时	takes
WDT	疑问限定词	which
WP	疑问代词	who、what
WP$	所有格疑问代词	whose
WRB	疑问副词	where、when

有了这些，从pos_tag()的输出中过滤出预期的标签就会非常容易。我们简单地统计一下词语个数即可。在这些词语的标签中，名词是以NN开头的，动词是以VB开头的，形容词是以JJ开头的，而副词是以RB开头的。

6.6.2 用 SentiWordNet 成功地作弊

我们之前讨论的语言信息很可能对我们有所帮助，但同时还有一些更好的东西，我们可以从中有所收获：SentiWordNet（http://sentiwordnet.isti.cnr.it）。简单来说，它是一个13 MB的文件，赋予了大部分英文单词一个正向分值和一个负向分值。在一些更复杂的单词中，对它的每一个同义词集合都记录了正面情感和负面情感的分值。下面是一些例子：

POS（词性）	ID	PosScore（正向分值）	NegScore（负向分值）	SynsetTerms（同义词）	详细说明
a	03311354	0.25	0.125	studious#1	Marked by care and effort; "made a studious attempt to fix the television set"
a	00311663	0	0.5	careless#1	Marked by lack of attention or consideration or forethought or thoroughness; not careful
n	03563710	0	0	implant#1	A prosthesis placed permanently in tissue
v	00362128	0	0	kink#2 curve#5 curl#1	Form a curl, curve, or kink; "the cigar smoke curled up at the ceiling"

通过词性（POS）这列中的信息，我们可以区分出名词的 "book" 和动词的 "book"。PosScore和NegScore一起可以帮助我们确定词语的中性程度，它等于1 - PosScore - NegScore。SynsetTerms列出了同义词集合。ID和Description则可以忽略。

同义词集合元素的后面都跟着一个数字，因为这些词语会在不同的同义词集合中出现多次。例如，"fantasize" 包含了两个完全不同的含义，这也导致了不同的分值：

POS（词性）	ID	PosScore（正向分值）	NegScore（负向分值）	SynsetTerms（同义词）	详细说明
v	01636859	0.375	0	fantasize#2 fantasise#2	Portray in the mind; "he is fantasizing the ideal wife"
v	01637368	0	0.125	fantasy#1 fantasize#1 fantasise#1	Indulge in fantasies; "he is fantasizing when he says that he plans to start his own company"

要弄明白应该使用哪些同义词，我们需要真正理解推文的意思，这已经超出本章所要讨论的范围。专注于解决这个难题的研究领域叫做词义消歧（word sense disambiguation）。现在，我们只需要采取比较容易的方式即可：简单地对所有同义词的分数求平均值。对于"fantasize"，PosScore是0.1875，NegScore是0.0625。

下面这个函数load_sent_word_net()把这些都做好了，并返回到了一个字典。字典的键是"word type/word"形式的字符串，例如"n/implant"，而值是正向和负向分值：

```python
import csv, collections
def load_sent_word_net():

    sent_scores = collections.defaultdict(list)

    with open(os.path.join(DATA_DIR,
     SentiWordNet_3.0.0_20130122.txt"), "r") as csvfile:

        reader = csv.reader(csvfile, delimiter='\t',
                quotechar='"')
        for line in reader:
            if line[0].startswith("#"):
                continue
            if len(line)==1:
                continue

            POS,ID,PosScore,NegScore,SynsetTerms,Gloss = line
            if len(POS)==0 or len(ID)==0:
                continue
            #打印出POS, PosScore, NegScore, SynsetTerms
            for term in SynsetTerms.split(" "):
                # 扔掉每个词语后面的数字
                term = term.split("#")[0]
                term = term.replace("-", " ").replace("_", " ")
                key = "%s/%s"%(POS,term.split("#")[0])
                sent_scores[key].append((float(PosScore),
                float(NegScore)))
    for key, value in sent_scores.iteritems():
        sent_scores[key] = np.mean(value, axis=0)

    return sent_scores
```

6.6.3　我们第一个估算器

现在，创建第一个估算器的准备工作都做好了。最方便的实现方式就是继承自BaseEstimator类。它要求我们运用以下3种方法。

❏ **get_feature_names()**　这个返回一个特征字符串列表，它包含用transform()返回的所有特征。

❏ **fit(document, y=None)**　由于我们并不是实现分类器，所以可以忽略这个，简单返回self即可。

❏ **transform(documents)**　这个将返回numpy.array()，它包含了一个大小数组（len(documents), len(get_feature_names)）。这意味着，对documents中的每一个文档，它会为每一个特征名（在get_feature_names()中）返回一个值。

现在来运用这些方法：

```
sent_word_net = load_sent_word_net()

class LinguisticVectorizer(BaseEstimator):
    def get_feature_names(self):
        return np.array(['sent_neut', 'sent_pos', 'sent_neg',
         'nouns', 'adjectives', 'verbs', 'adverbs',
         'allcaps', 'exclamation', 'question', 'hashtag',
         'mentioning'])

    # 我们并不进行拟合，但需要返回一个引用
    # 以便可以按照fit(d).transform(d)的方式使用
    def fit(self, documents, y=None):
        return self

    def _get_sentiments(self, d):

        sent = tuple(d.split())
        tagged = nltk.pos_tag(sent)

        pos_vals = []
        neg_vals = []

        nouns = 0.
        adjectives = 0.
        verbs = 0.
        adverbs = 0.
        for w,t in tagged:
            p, n = 0,0
            sent_pos_type = None
            if t.startswith("NN"):
                sent_pos_type = "n"
                nouns += 1
            elif t.startswith("JJ"):
                sent_pos_type = "a"
                adjectives += 1
            elif t.startswith("VB"):
```

```
                        sent_pos_type = "v"
                        verbs += 1
               elif t.startswith("RB"):
                        sent_pos_type = "r"
                        adverbs += 1

               if sent_pos_type is not None:
                        sent_word = "%s/%s"%(sent_pos_type, w)

                        if sent_word in sent_word_net:
                                p,n = sent_word_net[sent_word]

            pos_vals.append(p)
            neg_vals.append(n)

        l = len(sent)
        avg_pos_val = np.mean(pos_vals)
        avg_neg_val = np.mean(neg_vals)
        return [1-avg_pos_val-avg_neg_val,
                avg_pos_val, avg_neg_val,
                nouns/l, adjectives/l, verbs/l, adverbs/l]

    def transform(self, documents):
        obj_val, pos_val, neg_val, nouns, adjectives, \
        verbs, adverbs = np.array([self._get_sentiments(d) \
                            for d in documents]).T

        allcaps = []
        exclamation = []
        question = []
        hashtag = []
        mentioning = []

        for d in documents:
            allcaps.append(np.sum([t.isupper() \
              for t in d.split() if len(t)>2]))

            exclamation.append(d.count("!"))
            question.append(d.count("?"))
            hashtag.append(d.count("#"))
            mentioning.append(d.count("@"))

        result = np.array([obj_val, pos_val, neg_val,
                            nouns, adjectives, verbs, adverbs,
                            allcaps, exclamation, question,
                            hashtag, mentioning]).T

        return result
```

6.6.4 把所有东西融合在一起

然而，如果不考虑词语本身，独立使用语言特征并不会让我们走得太远。因此，我们需要把 TfidfVectorizer 和语言特征结合起来。这可以用 Scikit-learn 的 FeatureUnion 类得到。它的初始化方式跟 Pipiline 一样，但与顺序执行的估算器的效果衡量方式（在每一轮中将前一次的输出传递给下一轮）不同，FeatureUnion会并行处理，然后把输出的向量融合在一起：

```
def create_union_model(params=None):
    def preprocessor(tweet):
        tweet = tweet.lower()

        for k in emo_repl_order:
            tweet = tweet.replace(k, emo_repl[k])
        for r, repl in re_repl.iteritems():
            tweet = re.sub(r, repl, tweet)

        return tweet.replace("-", " ").replace("_", " ")

    tfidf_ngrams = TfidfVectorizer(preprocessor=preprocessor,
                                    analyzer="word")
    ling_stats = LinguisticVectorizer()
    all_features = FeatureUnion([('ling', ling_stats), ('tfidf',
                                    tfidf_ngrams)])
    clf = MultinomialNB()
    pipeline = Pipeline([('all', all_features), ('clf', clf)])

    if params:
        pipeline.set_params(**params)

    return pipeline
```

在融合后的特征处理器上进行训练和测试，在"正面情感 vs. 负面情感"的分类中可以得到额外的0.6%的提升。

```
== Pos vs. neg ==
0.808    0.016    0.892    0.010
== Pos/neg vs. irrelevant/neutral ==
0.794    0.009    0.707    0.033
== Pos vs. rest ==
0.886    0.006    0.533    0.026
== Neg vs. rest ==
0.881    0.012    0.629    0.037
```

看到这些结果，我们可能不会再使用"负面情感推文 vs. 余下的推文"和"正面情感推文vs. 余下的推文"的分类器了。相反，我们会先用分类器确定推文中是否包含情感（正向/负向 vs. 无关/中性）。然后，如果包含的话，再使用"正向情感 vs. 负向情感"的分类器来确定实际的情感。

6.7   小结

恭喜你，和我们一起坚持到了最后！我们了解了朴素贝叶斯是如何工作的，以及它为何并不是那么朴素。针对没有足够数据去学习类别概率空间中所有位置的训练集合，朴素贝叶斯的泛化能力非常出色。我们知道了如何把它应用到推文上，而且它对清洗粗糙的推文文本很有帮助。最后，在体验了SentiWordNet之后，我们发现"作一点弊"也是可以的（在进行了不少工作之后），特别是当它能对分类器的效果有额外提升的时候。

## 第 7 章

回归：推荐

7

关于回归的知识，你可能已经在高等学校的数学课上学过了。在那里它叫做普通最小二乘法（Ordinary Least Squares，OLS）回归。这个源自20世纪的古老技术运行速度很快，并且可以有效地解决很多真实问题。本章，我们将从回顾OLS回归开始，告诉你如何在NumPy和Scikit-learn里使用它们。

在各种现代应用中，我们碰到了许多经典方法的局限，并开始从一些高级方法中受益；你将在本章里看到这些。当我们要考虑很多特征的时候更是如此，包括特征个数超过样本个数的情况（这是普通最小二乘法所不能正确处理的情况）。这些技术非常先进，是近10年发展起来的，包括lasso法、岭（ridge）回归和弹性网络（elastic net）等。我们之后将会深入介绍。

最后，我们来研究一下推荐。它在很多应用里都是一个重要的领域，为很多应用带来了显著的附加价值。我们将从这个课题开始探索，并在下一章里看到更多细节。

7.1 用回归预测房价

让我们从一个简单的问题开始——预测波士顿的房价。

我们使用的是一个公开的数据集。它涉及一些人口统计信息和地理属性，例如犯罪率或师生比例。我们的目标是预测特定区域内的房价均值。和以往一样，我们有一些训练数据，其中答案是已知的。

我们使用Scikit-learn里的函数来读取数据。这个数据集是Scikit-learn的一个内置数据集，所以读取非常容易：

```
from sklearn.datasets import load_boston
boston = load_boston()
```

boston对象是一个合成对象，它包含有若干属性。我们对其中的boston.data和boston.target比较感兴趣。

我们将从一维回归开始，尝试根据平均住宿房间数这个属性来对价格进行回归。这个数据存储在位置5（你可以查询boston.DESCR和boston.feature_names获得数据的详细信息）：

```
from matplotlib import pyplot as plt
plt.scatter(boston.data[:,5], boston.target, color='r')
```

boston.target属性里包含有房屋的平均价格（我们的目标变量）。我们可以使用标准最小二乘回归，你第一次见到它可能是在高等学校里。

```
import numpy as np
```

我们引入NumPy，这是我们所需要的基础程序包。我们将会使用np.linalg子模块中的函数，来进行基础线性代数操作：

```
x = boston.data[:,5]
x = np.array([[v] for v in x])
```

这看起来有些奇怪，但我们希望x是二维的：第一维是不同的样本，第二维是属性。在我们的例子中，我们只有一个属性：平均住宿房间数，所以第二维就是1。

```
y = boston.target
slope,_,_,_ = np.linalg.lstsq(x,y)
```

最后，我们用最小二乘回归得到回归的斜率。np.linalg.lstsg函数还返回了一些关于数据拟合程度的内部信息，我们此时先忽略这些。

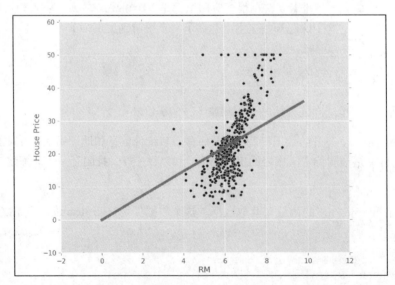

前图显示了所有的数据（点），以及我们的拟合（实线）。它看起来并不是太好。事实上，采用这个一维的模型，是因为我们知道房屋价格（House Price）一定是RM变量（房屋的数目）的倍数。

这意味着，一套两居室的平均价格是一居室价格的两倍，而三居室价格将会是一居室的三倍。我们知道这是一个错误的假设（甚至连近似真实都算不上）。

一个比较通用的方法是在前面这个式子中加入偏移项，使得价格等于RM的倍数再加上一个偏移。可以把这个偏移量看做一个零居室房子的基础价格。实现这个方法的技巧，就是在x的每个元素上面加1。

```
x = boston.data[:,5]
x = np.array([[v,1] for v in x]) # 我们使用[v,1]而不是[v]
    y = boston.target
(slope,bias),_,_,_ = np.linalg.lstsq(x,y)
```

在下图中，我们看到，拟合的曲线在视觉上看起来好多了（尽管一小部分离群点可能会对结果造成一些不成比例的影响）。

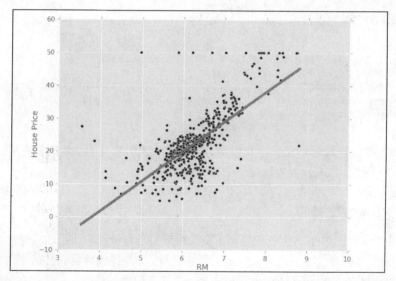

在理想情况下，我们希望量化衡量曲线拟合的效果。要实现这个目标，我们需要看看预测值和真实值之间的接近程度。为此，我们看一下np.linalg.lstsq函数返回值中的第2项：

```
(slope,bias),total_error,_,_ = np.linalg.lstsq(x,y)
rmse = np.sqrt(total_error[0]/len(x))
```

np.linal.lstsq函数返回了总体平方误差。对每一个数据元素，它都会计算误差（拟合的线和真实值之间的差距），并进行平方，然后返回所有平方误差的总和。由于衡量平均误差更易于理解，所以我们把它除以数据的个数。最后，我们计算平方根，并打印出均方根误差（Root Mean Squared Error，RMSE）。对最初这个无偏移的回归，我们得到了7.6的误差，而如果加上偏移项，将会提升至6.6。这表明，我们可以预期的价格和真实价格之间最多相差13 000美元。

均方根误差和预测

均方根误差与标准差，是近似相对应的。由于大多数数据与它的均值之间的偏移量最多是两个标准差，所以我们可以将RMSE乘以2，得到一个较为粗略的置信区间。这只有在误差是正态分布的情况下才完全成立，但即使是非正态分布，也可以认为这是近似正确的。

7.1.1　多维回归

到目前为止，只有一个变量参与了预测，那就是每套房子的房间数。我们现在将要使用多维回归来对所有数据进行模型拟合，尝试基于多个输入来预测一个输出（平均房价）。

代码看起来和之前的很像：

```
x = boston.data
    # 我们仍然要添加一个偏移项，但现在必须使用np.concatenate
    # 它会将两个数组/列表合并起来，因为我们
    # 在v里面有几个输入变量
x = np.array([np.concatenate(v,[1]) for v in boston.data])
  y = boston.target
  s,total_error,_,_ = np.linalg.lstsq(x,y)
```

现在，均方根误差只有4.7了！这比以前好了很多，说明额外的变量确实有所帮助。遗憾的是，结果不太容易展示出来，因为这是一个14维的回归。

7.1.2　回归里的交叉验证

记得在初次介绍分类的时候，我们强调了交叉验证对于衡量预测质量的重要性。在回归里面，我们不会一直这么做。事实上，之前只讨论了训练误差。如果你因此就满怀信心地推断模型的泛化能力，那是不可取的。由于普通最小二乘法是一个非常简单的模型，它通常不会犯很严重的错误（过拟合程度比较轻）。然而，我们仍需要用Scikit-learn对它进行验证。我们还将使用线性回归的类，因为在本章后面它们很容易被替换成更高级的方法。

```
from sklearn.linear_model import LinearRegression
```

LinearREgression类实现了OLS回归，如下：

```
lr = LinearRegression(fit_intercept=True)
```

我们将fit_intercept参数设为True，用来加入偏移项。这跟我们以前做的一样，但用了一个更为方便的接口：

```
lr.fit(x,y)
p = map(lr.predict, x)
```

分类的学习和预测过程如下所示：

```
e = p-y
total_error = np.sum(e*e) # 平方和
rmse_train = np.sqrt(total_error/len(p))
print('RMSE on training: {}'.format(rmse_train))
```

我们在计算训练集均方根误差的时候使用了一个不同的过程。当然，结果和之前是一样的：4.6。（进行这些检查是有益处的，可以确保我们所做的是正确的。）

现在，我们将使用KFold类来构建一个10折交叉验证循环，并测试线性回归的泛化能力：

```
from sklearn.cross_validation import Kfold
kf = KFold(len(x), n_folds=10)
err = 0
for train,test in kf:
    lr.fit(x[train],y[train])
    p = map(lr.predict, x[test])
    e = p-y[test]
    err += np.sum(e*e)
rmse_10cv = np.sqrt(err/len(x))
print('RMSE on 10-fold CV: {}'.format(rmse_10cv))
```

通过交叉验证，我们得到了一个保守的估计（这是说，实际误差要更大）：5.6。在这个例子里，它是对价格预测泛化能力的一个更好的估计。

普通最小二乘法的学习时间非常短，给出的是一个简单模型，并且在预测阶段非常迅速。由于这些原因，这个模型通常会是在回归问题中所使用的第一个模型。现在我们去看一看更多的高级方法。

7.2　惩罚式回归

在OLS回归的各种变种中，比较重要的当属惩罚式回归。在普通回归中所得到的拟合是训练数据中的最佳拟合，这会导致过拟合。惩罚的意思是，如果模型对参数过度相信，我们就对它增加一个惩罚项。

惩罚式回归是一种折中

惩罚式回归是偏差-方法折中的另一个例子。在使用惩罚项的时候，由于增加了偏差，我们会得到一个训练效果差一些的拟合。但另一方面，我们降低了方差，从而更易于避免过拟合。因此，整体效果可以泛化得更好。

7.2.1　L1和L2惩罚

有两种类型的惩罚经常用于回归：L1惩罚和L2惩罚。L1惩罚的意思是说，我们通过系数的绝对值之和对回归进行惩罚，而L2惩罚则会通过平方和来惩罚。

让我们形式化地探索一下这些想法。OLS优化如下所示：

$$\vec{b}^* = \arg\min_{\vec{b}}(y - X\vec{b})^2$$

在前面这个公式中，我们要寻找向量b，使得到目标y的平方距离最小。

当加入L1惩罚项的时候，我们就会优化下面这个式子：

$$\vec{b}^* = \arg\min_{\vec{b}}(y - X\vec{b})^2 + \lambda \sum_i |b_i|$$

这里想要同时使误差变小，还要使系数（绝对值）变小。用L2惩罚项，就意味着使用的是下面这个式子：

$$\vec{b}^* = \arg\min_{\vec{b}}(y - X\vec{b})^2 + \lambda \sum_i b_i^2$$

它们之间的区别相当小：我们现在通过系数的平方来惩罚，而不是绝对值。然而，其结果的区别却是戏剧性的。

岭（Ridge）、Lasso法和弹性网（Elastic net）

　　　　这些惩罚模型通常都有一些有趣的名字。L1惩罚模型通常叫做Lasso法，而L2惩罚模型叫做岭回归（Ridge regression）。当然，我们可以把这两者结合起来，就得到了弹性网（Elastic net）模型。

Lasso法和岭回归会比非惩罚回归得到更小的模型系数。然而，Lasso法还有一个额外的性质，那就是它会使更多的系数为0！这就是说，最终的模型甚至不会使用一些输入特征，模型是稀疏的。这通常是一个非常好的性质，因为模型把特征选择和回归在同一个步骤中都实现了。

你可能注意到了，无论我们何时加入惩罚项，都会加一个权重λ，它决定了我们想要多大的惩罚力度。当λ接近0的时候，那它跟OLS非常相近（事实上，如果你把λ设为0，就相当于进行OLS），当λ比较大的时候，我们会得到一个与OLS非常不同的模型。

岭模型更加古老，而Lasso却很难用于人工计算。然而，使用现代计算机，Lasso使用起来可以像岭模型一样容易，或者甚至把两者结合在一起形成弹性网。弹性网有两个惩罚项，一个是绝对值项，另一个是平方项。

7.2.2　在Scikit-learn中使用Lasso或弹性网

让我们用弹性网对上面的例子进行改造。使用Scikit-learn很容易把之前所用的最小二乘法替换为弹性网回归：

```
from sklearn.linear_model import ElasticNet
en = ElasticNet(fit_intercept=True, alpha=0.5)
```

现在我们使用的是en，而之前用的是lr。这是唯一需要修改的地方。结果正如我们所预期的那样，训练误差增加至5.0（之前是4.6），但交叉验证误差却降至5.4（之前是5.6）。训练集上的误差变得更大，但我们却得到了更好的泛化能力。我们还可以在同一段代码中使用Lasso类实现L1惩罚，或者用Ridge类实现L2惩罚。

下图告诉我们，当从非惩罚回归（显示为虚线）切换到Lasso回归（更接近水平线）的时候发生了什么。然而，当有很多输入变量的时候，Lasso回归的收益就更加明显。下面仔细考虑一下这个设置：

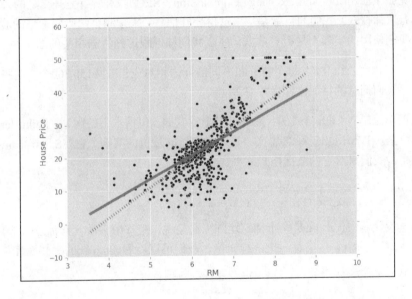

7.3　*P* 大于 *N* 的情形

这一节的标题用的是行话，现在我们来了解一下它的含义。从20世纪90年代起，首先是在生物医学领域，然后是在互联网领域，当P大于N的时候，就会出现一些问题。也就是说，特征个数P大于样本个数N（这几个字母是这些概念的常用统计学速记写法），即"P大于N"问题。

例如，如果你的输入是一个文本集合，一个简单方法是把字典中每一个可能的词语都当做一个特征，然后在这些特征上进行回归（之后将会处理一个类似的问题）。在英语中，一共有20 000多个词汇（如果进行了一些词干处理的话，这只是公共词语的数目；如果保留了每个词语的词形，那么将会是这个数目的10倍以上）。如果只有几百或几千个样本，特征个数就超过了样本个数。

在这种情况下，由于特征数多于样本数，所以有可能会在训练数据中得到一个完美的拟合。这是一个数学上的事实：当你正在求解一组等式，而等式个数少于变量个数时，那你就可以找到一组训练误差为0的回归系数。（事实上你可以得到更多的完美解，无限多。）

然而，这里的主要问题是，0训练误差并不意味着你的模型泛化得好。事实上，它的泛化能力可能非常差。鉴于之前的正则化能给你带来一点额外的提升，现在就需要一个完全有意义的结果。

7.3.1　基于文本的例子

我们现在转向另一个例子，它来自于卡内基梅隆大学Noah Smith教授的研究团队所进行的一项研究。这项研究是基于对一个叫做"10-K reports"的公司文件进行挖掘，这份文件来自于美国证券交易委员会（Securities and Exchange Commission，SEC）。对所有公开交易的公司来说，这份文件都具有法律授权。我们的目标是基于这份公开信息，来预测公司股票未来的波动性。在训练数据中，我们使用的实际上是历史数据，所以我们知道跟这些数据相关的结果。

这里一共有16 087个样本。每个特征和不同的词语相对应，一共150 360个。这些特征已经都预处理好了。我们拥有的特征比样本数要多。

这个数据集是SVMLight格式的，来自于多个数据源，包括本书的网站。Scikit-learn能够读取这个格式的数据。SVMLight，顾名思义，是一个支持向量机的实现。它在Scikit-learn里也可以使用。不过现在，我们只对它的数据格式感兴趣：

```
from sklearn.datasets import load_svmlight_file
data,target = load_svmlight_file('E2006.train')
```

在前面这段代码中，`data`是一个稀疏矩阵（这是说，矩阵中多数元素都是0，因此在内存中只保存了非0元素），而`target`是一个一维向量。我们可以看看`target`的一些属性：

```
print('Min target value: {}'.format(target.min()))
print('Max target value: {}'.format(target.max()))
print('Mean target value: {}'.format(target.mean()))
print('Std. dev. target: {}'.format(target.std()))
```

它会打印出如下数值：

```
Min target value: -7.89957807347
Max target value: -0.51940952694
Mean target value: -3.51405313669
Std. dev. target: 0.632278353911
```

我们可以看到数据范围在-7.9到-0.5之间。既然有了评估数据，就可以看看在使用OLS进行预测的时候都发生了什么。注意，所用的类和方法与之前完全一样：

```
from sklearn.linear_model import LinearRegression
lr = LinearRegression(fit_intercept=True)
```

```
lr.fit(data,target)
p = np.array(map(lr.predict, data))
p = p.ravel() # p是一个(1,16087)的数组，我们想要使它扁平化
e = p-target # e是"误差"：预测值和真实值之间的差距
total_sq_error = np.sum(e*e)
rmse_train = np.sqrt(total_sq_error/len(p))
print(rmse_train)
```

这个误差并不是正好为0，这是由于舍入有误差，但它已经非常接近0了：0.002 5（比目标值的标准差要小得多）。

当使用交叉验证（这里的代码跟之前用在Boston例子中的代码非常相似）的时候，我们会得到很不一样的结果：0.78。不要忘了数据的标准差只有0.6。就是说如果我们总是"预测"平均值−3.5，那得到的均方根误差是0.6！所以，虽然在训练时使用OLS得到这样的误差无足重轻，但当我们进行泛化的时候，这个误差就太大了，这个预测实际上是有害的：每次简单预测平均值，就可以做得更好（就均方根误差而言）！。

训练误差和泛化误差

当特征数目多于样本数目的时候，你用OLS可以一直得到0训练误差，但这并不表示你的模型在泛化中可以做得很好。事实上，你可能得到了0训练误差，但它是一个完全没有用处的模型。

一个自然的解决方案就是利用正则化对过拟合施加反作用。我们用弹性网络学习器来进行交叉验证循环，并将惩罚参数设置为1。现在，我们得到了0.4的RMSE。这比"预测均值"要好。在实际问题中，我们很难知道是否已经尝试了所有可能的方式，因为要做到完美预测几乎不可能。

7.3.2 巧妙地设置超参数（hyperparameter）

在前面这个例子中，我们将惩罚参数设置为1。我们还可以把它设置为2（或者一半，或者200，或者2000万）。很自然，每次的结果都会不同。如果我们选了一个过大的值，那么就会欠拟合。在极端情况下，学习系统可以返回一个所有参数都为0的模型。如果我们选了一个太小的值，那么就会过拟合，这和OLS很相近，泛化能力较差。

该如何选择一个较好的值呢？在机器学习中经常会遇到这个问题：为学习方法设置参数。一种通用的解决方案是使用交叉验证。我们选择一组参数值，然后用交叉验证找出其中最优的一个。这需要更多的计算（如果用10折交叉验证，那么就需要10倍的计算），但它是可行的，而且没有偏向。

不过，必须小心谨慎。要想评估泛化能力，我们需要使用两层的交叉验证：第一层用来估计

泛化能力, 第二层用于获得较好的参数。这是说, 例如将数据分成10折。我们从留存第一折数据开始, 在剩下9折数据上学习。现在, 再把数据分成10折, 用来选择参数。一旦设置了参数, 就在第一折上进行测试。然后, 重复9次这样的操作。

上图显示了该如何将一个训练折拆分成子折。我们需要在所有其他数据折上重复这个过程。在这里, 我们看到了5个外部数据折和5个内部数据折, 不过外部和内部数据折的个数无需一模一样; 你可以使用任何数字, 只要把它们区分开即可。

这会增加计算量, 但要把事情做正确, 这是必要的。这里的问题是, 如果使用了一部分数据来对模型做出任何决策, 那么你已经把它污染了, 就不能再用它来测试模型的泛化能力。这是一个微妙的地方, 可能不是很明显。事实上, 很多机器学习使用者都会在这里犯错误, 从而高估了他们的系统, 这是因为他们没有正确使用交叉验证。

幸运的是, Scikit-learn能很容易把这个事情做正确: 它有一些类, 名为LassoCV、RidgeCV和ElasticNetCV。它们都对内部参数封装了交叉验证检查。这些代码与之前的代码完全类似, 除了我们并不需要对alpha设置任何值。

```
from sklearn.linear_model import ElasticNetCV
met = ElasticNetCV(fit_intercept=True)
kf = KFold(len(target), n_folds=10)
for train,test in kf:
    met.fit(data[train],target[train])
    p = map(met.predict, data[test])
    p = np.array(p).ravel()
    e = p-target[test]
    err += np.dot(e,e)
rmse_10cv = np.sqrt(err/len(target))
```

这会带来很多计算, 所以在你等待的时间里可以喝点咖啡。(等待的时间长短取决于你的计算机运行速度有多快。)

7.3.3   评分预测和推荐

如果你使用过任何近十年来的商业在线系统, 可能已经看过这些推荐, 例如亚马逊的 "购买了X的客户还购买Y"。我们将会在下一章购物篮分析那一节里对此进行介绍。还有就是基于产品评分预测的应用，例如电影评分。

后面这个问题因为Netflix Challenge，一个来自Netflix的百万美元机器学习挑战，而广为人知。Netflix（在美国和英国很有名，但在其他地方并不出名）是一个影片租赁公司。一直以来，他们通过邮寄DVD为客户提供服务；但是最近，他们的业务专注于在线视频流服务。这项服务从一开始就有一个显著特点：用户可以给看过的电影评分，然后通过这些评分，系统会为用户推荐其他电影。通过这种模式，不但能知道用户看过哪些电影，还可以获悉他们对这些电影的印象分（包括负面印象）。

2006年，Netflix公开了很多用户对电影的评分数据，其目标是提升他们的内部评分推荐算法。任何人如果可以击败他们的算法，并且把效果提升10%以上，那么就可以赢得100万美金。在2009年，一个名为BellKor's Pragmatic Chaos的国际团队做到了把效果提升10%以上，并获得了奖金。他们是在另一个队伍完成的20分钟之前实现的。另一个队伍叫做The Ensemble，也做到了把效果提升10%以上！在这个持续多年的竞赛中，这是一个十分刺激的一线之差。

遗憾的是，由于法律原因，这个数据集不再对外公开（尽管数据是匿名的，但仍有可能暴露用户，并泄漏电影租赁的隐私信息）。不过，我们还可以使用一个具有相似性质的学术数据集。这个数据集来自于GroupLens——明尼苏达大学（University of Minnesota）的一个研究实验室。

> **真实世界中的机器学习**
>
>
>
> 关于Netflix奖，已经写了很多，你可能也学到了不少（本书会给你足够的信息让你起步，并理解这些问题）。赢得大奖所使用的技术，是一些高级机器学习算法的融合体，其中包括很多数据的预处理工作。例如，一些用户喜欢给所有电影都打很高的分数，而其他一些人的打分总是比较负面；如果在预处理中不把这些考虑进去，你的模型就会遇到困难。其他一些并不明显的归一化工作对于获得良好效果也是必要的：电影有多少年的历史，它得到了多少个评分，等等。好算法是一件好事情，但你一定要亲自动手调优你的方法，使之适应数据的特性。

我们可以把它形式化成一个回归问题，并应用本章里学到的方法。这个问题并不适合分类方法。我们当然也可以尝试学习一个5类别的分类器，一个类别对应一个可能的分数。这个方法有两个问题。

- ❑ 误差并不是等同的。例如，把5星电影评成4星与把5星电影评成1星的错误严重程度并不相同。
- ❑ 中间值是有意义的。即使我们的输出只有整数值，预测为4.7也是很有意义的。我们可以看到它跟4.2是不同的预测。

这两个因素加在一起说明，分类并不适合这个问题。回归的框架更有道理。

我们有两个选择：构建电影特定（movie-specific）模型或用户特定（user-specific）模型。在这个例子里，我们会先构建用户特定模型。这意味着，针对每个用户，我们把电影评分当做目标变量。而输入数据就是其他用户的打分。对于那些与我们的目标用户观影喜好较为相似的用户，模型会赋予他们的电影评分较高的权重分值；对于那些与我们的目标用户观影喜好完全相反的用户，模型会赋予他们的电影评分一个负值。

这就是到目前为止我们所开发的应用系统。你可以在本书网站上找到数据集以及读取数据的Python代码。在那里你还会找到包含更多信息的链接，包括原始的MovieLens网站。

数据读取部分使用基础Python即可，所以我们直接跳到学习训练那一部分。有一个稀疏矩阵，它的每个数据项，在有评分的时候，取值都是1到5（而大多数数据项都是0，这代表用户并没有对这些电影评分）。这一回，为了尝试多种回归方法，我们将会使用LassoCV类：

```
from sklearn.linear_model import LassoCV
reg = LassoCV(fit_intercept=True, alphas=[.125,.25,.5,1.,2.,4.])
```

我们通过将一组明确的alpha值传递给构造器，从而对内部交叉验证所使用的参数值进行限制。你可能已经发现，这些值都是2的倍数，从1/8到4。现在我们要写一个函数，为用户i学习一个模型：

```
# 将这个用户分离出来
u = reviews[i]
```

我们只对用户u打过分的电影感兴趣，所以我们需要构建这些电影的索引。在这里可以使用NumPy里面的一些技巧：用u.toarray()从一个稀疏矩阵转换成一个正常的数组。然后，我们用ravel()将它从一个行数组（这是一个二维数组，第一维是1）转换成一个简单一维数组。我们把它和0做比较，看看这个比较的结果在什么地方为真。得到的结果（ps）是一个索引数组；这些索引和该用户打过分的电影相对应：

```
u = u.array().ravel()
ps, = np.where(u > 0)

# 构建一个数组，索引是[0…N]之间除i以外的数值
us = np.delete(np.arange(reviews.shape[0]), i)

x = reviews[us][:,ps].T
```

最后，我们只把用户打过分的电影挑选出来：

```
y = u[ps]
```

交叉验证过程跟之前一样。因为我们有很多用户，所以我们只进行4折验证（更多折会花费很长时间，而我们已经有足够多的训练数据了，它占数据的80%）：

```
err = 0
kf = KFold(len(y), n_folds=4)
for train,test in kf:
        # 现在按每个电影进行归一化
        # 下面进行了解释
        xc,x1 = movie_norm(x[train])
        reg.fit(xc, y[train]-x1)
        # 在测试的时候也需要进行同样的归一化过程
        xc,x1 = movie_norm(x[test])
        p = np.array(map(reg.predict, xc)).ravel()
        e = (p+x1)-y[test]
        err += np.sum(e*e)
```

我们不会过多解释movie_norm函数。这个函数会按每个电影进行归一化：一些电影在通常意义上比较好，会得到高于平均值的分数：

```
def movie_norm(x):
    xc = x.copy().toarray()
```

我们不能使用xc.mean(1)，因为并不想有零计数的均值。我们只希望得到真实的平均分数：

```
x1 = np.array([xi[xi > 0].mean() for xi in xc])
```

在一些特定情况下，数据里并没有评分信息，我们就得到了一个NaN值。我们用np.nan_to_num把它替换成0，正如下面所做的那样：

```
x1 = np.nan_to_num(x1)
```

现在通过从非0项中减去均值对输入数据进行归一化：

```
for i in xrange(xc.shape[0]):
    xc[i] -= (xc[i] > 0) * x1[i]
```

这样做还会隐式地把用户未评分电影的分数设为0，而这个就是均值。最后，我们把归一化后的数组和均值返回回来：

```
return x,x1
```

你可能已经注意到了，我们把它转换成了一个正常（稠密的）数组。这种方式有一个附加的优点，就是它会使优化过程变得更加迅速：虽然Scikit-learn可以对稀疏数值处理得很好，但它对稠密数组会处理得更快（如果你能把它们装进内存的话；当你做不到的时候，你就必须使用稀疏数组）。

与简单猜测平均分数相比，这个方法有了80%的提高。这个结果并不是多么惊人，这只是一个开始。一方面，这是一个非常困难的问题，我们不能期待每次预测都能正确：当用户给出更多评价的时候，我们可以做得更好。另一方面，在这类任务上，回归并不是最锋利的工具。注意我们是怎样为每个用户训练一个完全独立的模型的。在下一章里，我们将在该问题上看到超越回归的其他方法。在那些模型中，我们将会更加智能地整合所有用户和电影的信息。

7.4   小结

本章，我们从一个古老技巧（普通最小二乘法）开始介绍；这种方法有时表现得依然很好。然而，我们还看到了更多能够避免过拟合的现代方法，它们可以带来更好的结果。我们使用了岭回归、Lasso法和弹性网，它们都是最前沿的回归方法。

我们再一次看到依赖训练误差估计泛化能力的危险：这是一个过于乐观的估计，模型的训练误差可以为0，但我们知道这样的模型可能毫无用处。在深入思考这些问题之后，我们被引导至双层交叉验证。它很重要，该领域里还有很多东西没有完全内部化。在这期间，我们依赖Scikit-learn的支持，实现了所有期望的操作，包括一种实现正确交叉验证的简单方式。

在本章的最后，我们开始转换方向，了解了一下推荐问题。现在，我们是通过一些已知的工具解决这个问题的：惩罚式回归。在下一章里，对于这个问题，我们将会看到新式的、更好的工具。它们将进一步提升效果。

这种推荐方式也有一个缺点，那就是要求用户对物品必须给出一个数字形式的评分。但在实际生活中，只有部分用户会给出评分。其实，还有另外一类比较容易获得的信息可以利用：哪些物品被一起购买。在下一章里，我们将会看到如何在一个框架中应用这一信息，这个框架叫做购物篮分析（basket analysis）。

## 第 8 章

回归：改进的推荐

8

在上一章的最后，我们用一个非常简单的方法构建了一个推荐引擎：利用回归来猜测用户的评分。在本章的第一部分里，我们将继续进行这部分工作，构建一个更高级（而且更好）的评分估算器。我们从一些有益的想法开始，然后把所有这些想法组合起来。在组合过程中，我们会再次使用回归，来学习最佳的组合方式。

在8.2节，我们将采用一种完全不同的学习方式，它叫做购物篮分析（basket analysis），讲解如何用它来进行推荐。并不像之前那样需要一个数字评分；在购物篮分析中，我们掌握关于购物篮的信息即可，也就是哪些物品被一起购买了。我们的目标是用它来学习推荐。你可能已经在网络购物中看到过形如"购买了X的人同时也购买了Y"这样的特征。我们将开发出一个类似的特征。

8.1 改进的推荐

回想一下上一章我们讲到哪里了：一个非常简单，比随机预测的效果要好，但并不是特别优秀的推荐系统。现在开始对它进行改进。首先，先看几个能抓住部分问题本质的想法。然后，我们要做的就是把多种方法融合在一起，而非某个单独方法，以便实现更好的最终效果。

我们将使用上一章中用到的电影推荐数据集；它包含一个矩阵，其中一个轴是用户，另一个轴是电影。它是一个稀疏矩阵，因为每个用户只会对一小部分电影进行评价。

8.1.1 使用二值推荐矩阵

从Netflix Challenge中可以得到一个有趣的结论，就是下面这个事后看起来很明显的想法：仅仅从"你给哪些电影评了分"这个信息里，我们就能了解到很多关于你的信息，甚至根本不用知道你究竟打了多少分。使用一个二值矩阵（1分表示用户对电影进行了评价，0分表示没有进行评价），我们就可以获得一个很好的预测效果。在事后这看起来非常有道理；我们不会完全随机地选择观看哪部电影，相反我们会选择那些自己已经有所期盼的电影。我们也不会随便选择一些电影去评分，而是只给那些我们特别有感想的电影打分（自然，这里面会有例外，但平均来看这很可能是真实的）。

我们用一幅图像把矩阵的值可视化地显示出来，其中每个评分是一个小方格。黑色代表缺少评分，而灰度级别代表了评分的数值。我们可以看到这个矩阵是稀疏的——大多数方块都是黑色的。我们还会发现一些用户点评过的电影比其他人多很多，而一些电影也比其他电影获得了更多的评分。

用来可视化数据的代码非常简单（你稍作修改就可以显示出比本书所能显示的更大的矩阵），如下所示：

```
from matplotlib import pyplot as plt
imagedata = reviews[:200, :200].todense()
plt.imshow(imagedata, interpolation='nearest')
```

下图就是这段代码的输出：

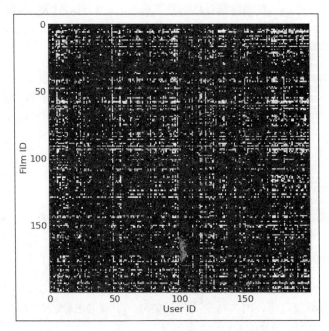

我们将会使用这个二值矩阵来对电影打分进行预测。大致算法（伪代码）如下所示。

(1) 对于每个用户，根据用户间的相近程度对其他用户排序。在每一步里，我们都会使用这个二值矩阵，并把用户之间的相关性作为相近程度的衡量标准。（将这个二值矩阵解释为一组0和一组1，我们就能够进行计算了。）

(2) 当我们需要给一个用户-电影数据对估算评分的时候，我们顺序地查找用户的近邻（在第一步中已定义）。当发现第一个对该电影的评分时，将它输出。

我们首先写一个NumPy函数来实现这个功能。NumPy里有一个np.corrcoeff可以计算相关性。这是一个通用函数，可以用来计算n维向量之间的相关性，即使需要的只是一个传统相关性。

因此，要计算两个用户之间的相关性，我们需要这样调用：

```
corr_between_user1_and_user2 = np.corrcoef(user1, user2)[0,1]
```

事实上，我们想要计算一个用户和其他所有用户之间的相关性。也就是说我们将会多次用到这一操作，所以我们把它封装在一个函数里，叫做all_correlations：

```
import numpy as np
def all_correlations(bait, target):
    '''
    corrs = all_correlations(bait, target)

    corrs[i] is the correlation between bait and target[i]
    '''
    return np.array(
            [np.corrcoef(bait, c)[0,1]
                for c in target])
```

现在可以用多种方法来使用它。一种简单方法是选择每个用户的最近近邻，也就是和该用户最相似的。我们将使用之前讨论过的相关性：

```
def estimate(user, rest):
    '''
    estimate movie ratings for 'user' based on the 'rest' of the universe.
    '''
    # user打分的二值版本
    bu = user > 0
    # test打分的二值版本
    br = rest > 0
    ws = all_correlations(bu,br)
    # 选择最高的100个值
    selected = ws.argsort()[-100:]
    # 根据平均值估算
    estimates = rest[selected].mean(0)
    # 我们需要纠正这些估算
    # 基于一些电影得到的打分数量比别的电影多这个事实
    estimates /= (.1+br[selected].mean(0))
```

与从数据集中所有用户那里得到的估算相比，这种方式可以使RMSE降低20%。和往常一样，如果只看那些进行过多次预测的用户，我们可以做得更好：如果用户排在评分活动的前半部分，那么预测误差会降低25%。

8.1.2　审视电影的近邻

在前一节里，我们审视了最相似的用户。我们还可以看一下哪些电影是最相似的。现在我们构建一个基于电影最邻近规则的推荐系统：在预测用户U对电影M评分的时候，这个系统所预测的U对M的评分，和它对最相似电影的评分是相同的。

因此，我们会按照两个步骤进行：第一步，我们计算出一个相似矩阵（该矩阵告诉我们哪些

电影是最相似的)；第二步，我们对每一个 "用户–电影 "对的评分进行估算。

我们用NumPy中的zeros和ones函数分配数组空间（分别初始化成0和1)：

```
movie_likeness = np.zeros((nmovies,nmovies))
allms = np.ones(nmovies, bool)
cs = np.zeros(nmovies)
```

现在，我们遍历所有电影：

```
for i in range(nmovies):
    movie_likeness[i] = all_correlations(reviews[:,i], reviews.T)
    movie_likeness[i,i] = -1
```

我们把对角元素设为–1；否则，对于任何电影来说，与之最相似的电影就是它自己。这是一个事实，却对我们没有任何帮助。这和在第2章中介绍最邻近分类方法时所使用的技巧是一样的。基于这个矩阵，我们很容易写一个函数来估算评分：

```
def nn_movie(movie_likeness, reviews, uid, mid):
    likes = movie_likeness[mid].argsort()
    # 逆序排列，使最受喜爱的电影排在前面
    likes = likes[::-1]
    # 返回最相似电影的评分
    for ell in likes:
        if reviews[u,ell] > 0:
            return reviews[u,ell]
```

前面这个函数做得怎么样呢？还凑合：它的RMSE只有0.85。

前面这段代码并没有把交叉验证的细节给出来。尽管这样写在应用时效果不错，但对于测试，我们需要确保我们已经重新计算过喜好矩阵，并且没有使用过测试中的用户信息（否则，我们就污染了测试集，会得到一个对泛化能力过于乐观的估计）。遗憾的是，它的运行时间很长，而我们其实并不需要每个用户的全部矩阵信息，只需计算那些我们需要的东西就可以了。这会使代码比之前的要更复杂一些。在本书的网站上，你可以找到关于所有细节的代码。你还可以找到一个更快的all_correlation函数的实现。

8.1.3　组合多种方法

现在我们把前一节里的几种方法组合在一起，做出一个新预测。例如，我们可以对各种方法的预测结果取平均值。一般来说这样做已经足够好了，但是我们不能想当然地认为两种方法的预测结果一样好，并且恰好具有相同的权重0.5。或许，其中一个是更好的。

我们尝试采用加权平均：在把预测结果相加之前，让每个预测乘以一个权重。那么我们又该如何设置最佳的权重呢？当然，我们可以从数据中学习出来！

集成学习

我们使用的是机器学习中的一种通用技术，叫做**集成学习**（ensemble learning）；它并不仅仅适用于回归问题。我们学习出（一组）预测器的集成体，然后把它们组合在一起。有趣的是，我们可以把每个预测器的结果当做一个新特征。现在是基于训练数据把这些特征组合在一起，而这正是我们一直在做的事情。注意，这样做是为了解决回归问题，但是同样的推理在分类问题中也适用：你可以创建几个分类器和一个主分类器，主分类器会接收所有分类器的结果并给出一个最终的预测。组合基本分类器的不同方式，决定了集成学习的不同形式。在这里，我们复用了在学习预测器时所使用的训练数据。

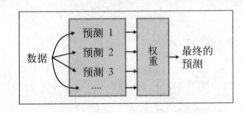

有了这样一种组合多种方法的灵活方式，我们就可以尝试任何想法，并把它加到学习器的混合体中，然后让系统给出一个权重。我们还可以用这些权重来发现哪些想法比较好：如果它们得到了较高的权重，那意味着它们加入了有用的信息。而权重很低的想法甚至可以丢弃。

代码非常简单，如下所示：

```
# 引入前一个例子中所使用的代码
import similar_movie
import corrneighbors
import usermodel
from sklearn.linear_model import LinearRegression

es = [
  usermodel.estimate_all()
  corrneighbors.estimate_all(),
  similar_movie.estimate_all(),
]
coefficients = []
# 我们将进行留一交叉验证
for u in xrange(reviews.shape[0]): # 对所有用户的id
  es0 = np.delete(es,u,1) # u除外的所有用户
  r0 = np.delete(reviews, u, 0)
    P0,P1 = np.where(r0 > 0) # 我们只关心实际预测结果
    X = es[:,P0,P1]
    y = r0[r0 > 0]
    reg.fit(X.T,y)
    coefficients.append(reg.coef_)
prediction = reg.predict(es[:,u,reviews[u] > 0].T)
# 和以前一样衡量误差
```

得到的结果是，RMSE几乎为1。我们还可以分析一下coefficients变量，看看预测器的效果如何：

```
print coefficients.mean(0) # 所有用户的平均值
```

这个数组的值是[0.25164062, 0.01258986, 0.60827019]。基于最相似电影的方法，可以得到最高的权重（它是最佳的预测，所以这并不奇怪），同时我们在学习过程中还可以舍去基于相关性的方法，因为它对最终结果的影响非常小。

这种设置可以让人很容易加入一些额外的想法；例如，既然计算最相似电影是一个效果不错的预测器，那么在学习过程中使用5个最相似电影又会如何呢？我们可以修改前面的代码来生成k个最相似电影，然后用栈式的学习器来学习权重：

```
es = [
    usermodel.estimate_all()
    similar_movie.estimate_all(k=1),
    similar_movie.estimate_all(k=2),
    similar_movie.estimate_all(k=3),
    similar_movie.estimate_all(k=4),
    similar_movie.estimate_all(k=5),
]
# 剩下的代码跟以前一样
```

我们有很大的自由来生成新的机器学习系统。在这个例子里，最终结果并不会更好，但我们很容易测试这个新想法。

然而，我们必须谨慎，避免对数据过拟合。事实上，如果我们随机尝试很多东西，那么其中一些就会在这个数据集上效果不错但泛化能力不行。即使我们正在使用交叉验证，我们却并没有对设计决策进行交叉验证。为了获得一个较好的估计，在有很多数据的情况下，应该把一部分数据预留出来不要动，直到最终模型即将投入使用的时候。然后，用这份数据测试模型的效果，这样就可以得到模型在真实应用中预期效果的无偏差预测。

8.2　购物篮分析

如果有一些用户按照自己的喜爱程度对商品进行了评分，那么根据这些信息，我们就可以使用之前讨论的方法，取得不错的效果。然而我们有时无法得到这类信息。

购物篮分析是学习推荐的另一种模式。在这种模式下，我们的数据只含有"哪些物品被一起购买"这样的信息，而不包含任何关于人们是否喜欢某件物品的信息。篮数据的生成是购物行为的一个副产品，通常这类数据比评分信息更容易获得，因为很多用户根本不会提供评分。下面是亚马逊网上*War and Peace*（Leo Tolstoy著）这本书的相关截图。这是使用这些结果的一种经典方式：

Customers Who Bought This Item Also Bought

Anna Karenina
Leo Tolstoy
★★★★☆ (289)
Paperback
$10.35

The Brothers Karamazov
Fyodor Dostoevsky
★★★★☆ (248)
Paperback
$11.25

The Idiot (Vintage Classics)
Fyodor Dostoevsky
★★★★☆ (57)
Paperback
$10.88

这种学习模式并不只适用于实际的购物篮。它适用于任何根据已有的多个对象推荐另一个对象的情况。例如，当用户正在Gmail里写电子邮件的时候，可以给他推荐更多的收件人。这个功能可以用类似的技术实现（我们并不知道Gmail内部用的是什么；或许它已经把前面介绍的多种技术融合在一起了）。或者，我们可以用这些方法开发出一个基于浏览历史的网页推荐应用。即使我们正在处理的是交易记录，把某个客户的交易信息分组到"物品是否被一同购买或来自不同交易"的独立篮子里（这取决于交易背景信息），也是有意义的。

啤酒与尿布的故事

　　在购物篮分析中，一个经常会被提到的故事就是"尿布与啤酒"的故事。它是说，当超市工作人员第一次查看他们的数据的时候，他们发现尿布经常会和啤酒被一同购买。据推测，这是一些孩子的父亲，他们在超市里购买尿布的时候还会挑选一些啤酒。人们对这个假设到底是真实的，还是仅仅是一个城市故事，进行过很多讨论。在这个例子里，它好像是真实的。在20世纪90年代早期，Osco Drug发现，在傍晚，啤酒和尿布会被一同购买，这令一些管理者们感到非常惊奇，他们直到那时也从未把这两样商品当做是相似的东西。这并不会导致商店把啤酒摆放在离尿布更近的地方。还有，我们也并不知道父亲到底会不会比母亲（或者祖父母）更容易同时购买啤酒和尿布。

8.2.1　获取有用的预测

　　并不仅仅是"购买了X的客户也会购买Y"，即便很多在线零售商都这样说（见前面给出的亚马逊网截图）；一个真实系统并不是这样工作的。为什么不是呢？因为这样的系统会被购买频率比较高的物品所愚弄，然后只会简单推荐那些流行的物品，而不带有任何个性化。

　　例如，在一个超市里，很多客户都购买了面包（比如50%的客户买了面包）。所以，当你关注任何特定物品（比如肥皂），并看哪些物品会经常跟肥皂一起出售的时候，你或许会发现，面包是经常跟肥皂一起出售的。事实上，在某人购买肥皂次数的五成里，他们也同时购买了面包。但是，面包其实会和任何东西一起出售，因为每个人都经常购买面包。

我们真正要寻找的是"相比基准，在统计上更可能购买 **Y** 的购买了 **X** 的客户"。所以如果你购买了肥皂，你可能还会购买面包，但没有比基准的可能性更大。类似的，一个书店如果不管你已经购买了什么书，而只是一味地推荐热销图书，那么它在个性化推荐上就没有做好。

8.2.2   分析超市购物篮

例如，我们来看一下比利时一家超市匿名交易记录的数据集。这个数据集是由哈瑟尔特大学（Hasselt University）的Tom Brijs所提供的。里面的数据都是匿名的，所以对每个商品我们只有一个编号，而一个购物篮就是一组编号。该数据文件（retail.dat）可以从一些网上资源里（包括本书的网站）下载到。

从读取数据开始，并查看一些统计值：

```
    from collections import defaultdict
from itertools import chain
# 文件格式是每行一个交易记录
# 形式如 "12 34 342 5…"
dataset = [[int(tok) for tok in ,line.strip().split()]
        for line in open('retail.dat')]
# 统计每件商品被购买了多少次
counts = defaultdict(int)
for elem in chain(*dataset):
    counts[elem] += 1
```

我们可以画出如下所述的柱状图：

# 购买次数	# 产品个数
只有1次	2224
2次或3次	2438
4到7次	2508
8到15次	2251
16到31次	2182
32到63次	1940
64到127次	1523
128到511次	1225
512次或更多	179

有很多商品只被购买过几次。例如，有33%的商品只出售过4次或更少次数。然而，这个数量只代表了1%的购买量。这种很多商品只被购买过少数几次的现象，有时称作"长尾"现象。由于互联网让囤积和销售商品更为廉价，这种现象也变得越来越突出。为了能为这些商品提供推

荐，我们需要更多的数据。

虽然网上有一些购物篮分析算法的开源实现，但没有一个能很好地整合scikit-learn或其他我们正在使用的程序库。因此，我们将会自己实现一个经典算法，那就是Apriori算法。它有一点年头了（由Rakesh Agrawal和Ramakrishnan Srikant发表于1994年），但仍然能够工作（当然，算法永远都不会停止工作；它们只会被更好的想法取代）。

在形式上，Apriori会将一些集合（这里指的是购物篮）当做输入，并返回这些集合中出现频率非常高的子集（这是说，一起出现在很多购物篮中的商品）。

这个算法是以自底向上的方式工作的：从最小的候选集合开始（只包含一个元素），然后每次加入一个元素，并且不断增大。在这里我们需要定义一下我们所要寻找的最小支持度：

```
minsupport = 80
```

支持度就是商品被一起购买的次数。Apriori的目标就是寻找一个高支持度的项集（itemset）。从逻辑上讲，任何具有最小支持度的项集，里面每个物品都至少具有该最小支持度：

```
valid = set(k for k,v in counts.items()
        if (v >= minsupport))
```

我们的初始项集是单例（只有一个元素）。而频繁项集就是所有至少具有最小支持度的单例：

```
itemsets = [frozenset([v]) for v in valid]
```

现在，遍历非常简单，如下所示：

```
new_itemsets = []
for iset in itemsets:
    for v in valid:
        if v not in iset:
    # 我们创建一个新的候选集合
    # 它和之前的一样
    # 只是多了v
            newset = (ell|set([v_]))
            # 在数据集中遍历，并统计newset出现的次数
            # 这一步比较慢
            # 并没有使用较好的实现
            c_newset = 0
            for d in dataset:
                if d.issuperset(c):
                    c_newset += 1
            if c_newset > minsupport:
                newsets.append(newset)
```

这样做是正确的，但速度很慢。一个更好的实现需要利用更多的基础设施，以便避免在所有数据集中遍历来统计c_newset。值得一提的是，我们可以追踪哪些购物篮包含哪些频繁项集。这将使循环加速，但会让代码更加难懂。因此，我们就不在这里给出了。像往常一样，你可以在

本书的网站上找到这两种实现。那段代码还被包含在一个函数里，可以应用于其他数据集。

　　Apriori算法所返回的频繁项集，就是一些没有用任何具体数值来量化（代码中的 `minsupport`）的微小购物篮。

8.2.3　关联规则挖掘

　　频繁项集本身并不是很有用处。下一步是构建关联规则（association rule）。由于这是最终目标，因此整个购物篮分析领域有时又叫做关联规则挖掘（association rule mining）。

　　一个关联规则就是形如"如果X则Y"这样的一种陈述；例如，如果顾客购买了 *War and Peace*，那么他们还会购买 *Anna Karenina*。注意，规则并不是确定性的（并不是所有顾客购买了X之后都会购买Y），总把这些都陈述出来也是相当麻烦的。所以，关联规则的意思是说，如果一个顾客购买了X，相对于基线，他将更可能购买Y；我们所说的"如果X则Y"，是从概率意义上说的。

　　有趣的是，规则的前项和结论是可以包含多个对象的：购买X、Y和Z的顾客还购买了A、B和C。多前项的条件可以允许你做出更为具体的预测。

　　你可以通过尝试所有可能的X蕴含Y组合，从频繁集合中得到一条规则。要生成很多集合是很容易的。然而，你想要的只是有价值的规则。因此，我们需要衡量每个规则的价值。一个经常使用的衡量标准叫做提升度（lift）。提升度就是规则和基线所得到的概率之间的比值：

$$\text{lift}(X \rightarrow Y) = \frac{P(Y|X)}{P(Y)}$$

　　在前面这个公式里，$P(Y)$ 就是所有交易记录中包含Y的比例，而 $P(Y|X)$ 就是交易记录中同时包含Y和X的比例。使用提升度可以帮你避免推荐热销商品；对于一个热销商品，$P(Y)$ 和 $P(X|Y)$ 都会很大。因此，如果提升度接近1，那么这条规则就会被认为是很不相关的。在实践中，我们希望这个值至少是10，或甚至是100。

　　参考下面这段代码：

```
def rules_from_itemset(itemset, dataset):
    itemset = frozenset(itemset)
    nr_transactions = float(len(dataset))
    for item in itemset:
            antecendent = itemset-consequent
        base = 0.0
        # account : 前项的计数
        acount = 0.0

        # ccount : 后项的计数
        ccount = 0.0
        for d in dataset:
          if item in d: base += 1
```

```
        if d.issuperset(itemset): ccount += 1
        if d.issuperset(antecedent): acount += 1
base /= nr_transactions
p_y_given_x = ccount/acount
lift = p_y_given_x / base
print('Rule {0} -> {1} has lift {2}'
        .format(antecedent, consequent,lift))
```

这是一段运行得比较慢的代码: 我们在整个数据集上重复迭代。一个更好的实现方式是把统计值缓存起来。你可以从本书的网站上下载到一个类似的代码, 它的运行速度相对快一点。

其中一些结果在下面这个表中列出:

前　　项	后　项	后项的计数	前项的计数	前项和后项的计数	提升度
1378、13791、1380	1269	279 (0.3%)	80	57	255
48、41、976	117	1026 (1.1%)	122	51	35
48、41、16011	16010	1316 (1.5%)	165	159	64

这里的计数就是交易次数, 它们包括如下几项:

❑ 条件后项 (这是说, 商品被购买的基准比例);
❑ 条件前项中的所有项;
❑ 条件前项和后项中的所有项。

我们可以看到, 例如, 在80个交易中, 1378、13791和1380被一起购买。在这当中, 有57个交易包含1269, 所以估算出的条件概率就是57/80≈71%。与所有交易中只有0.3%包含1269这个事实相比, 它得到了255的提升度。

我们在计数中需要有相当多的交易记录, 才能得到相对稳固的推论。这就是必须首先挑选频繁项集的缘故。如果从一个非频繁项集中生成规则, 那么这些计数将会非常小; 因此, 这个相对数值便会毫无意义 (或者受到大误差线的影响)。

注意, 从这个数据集里已经找到了很多关联规则; 一共有1030个规则, 具有最小支持度80以及最小提升度5。和现在的互联网比起来, 这仍然是一个小规模数据集; 当你进行上百万次交易的时候, 你可以生成成千上万甚至百万的规则。

然而, 具体到每一个客户, 在任何时间里都只有一小部分是跟他们有关的, 所以每个客户只会收到少量推荐信息。

8.2.4　更多购物篮分析的高级话题

在购物篮分析中还有很多其他算法要比Apriori运行得更快。我们之前看到的代码比较简单, 但对我们而言已经足够好了, 因为我们大约只有10万个交易数据。如果你有上百万的数据, 那么就值得使用更快的算法 (尽管对多数应用来说, 学习关联规则的过程可以在线下运行)。

还有一些方法会利用时间信息，把购买的顺序也考虑进来。可以用一个极端例子来解释这样做的用处。比如某人正在购买一个大型聚会所需的用品，买完聚会用品后，他可能会意识到还要买一些垃圾袋。因此如果在他第一次购物的时候就给他提供垃圾袋，这是说得通的。但是，为每个购买垃圾袋的人都提供聚会用品，却是毫无道理的。

你可以在Python开源实现（一种新的BSD许可证，跟Scikit-learn一样）中找到一个叫做pymining的程序包。这个包是由Barthelemy Dagenais开发的，在https://github.com/bartdag/pymining可以获取到。

8.3　小结

本章开始于改进前一章中的评分预测。我们看到了一些不同的方式，然后通过学习一组权重把它们组合到一起，得到一个单独的预测。这种技术叫做集成学习或栈式学习。它是一个在很多情况下都可以使用的通用技术，并不只是在回归问题里起作用。这种方式允许你把不同的想法融合到一起，即使它们的内部机制完全不同；你可以把它们的最终输出组合起来。

在8.2节，我们改弦更张，转向另一种推荐方法：购物篮分析或关联规则挖掘。在这个模式下，我们尝试（基于概率）发掘形如"购买了X的客户可能对Y也感兴趣"这样的关联规则。这种方式充分利用了交易信息本身的数据，而不需要让用户对商品用数字打分数。Scikit-learn里没有这种方法，所以我们用自己的代码实现了一个。

使用关联规则挖掘需要谨慎，不能简单为每个用户推荐热销商品。（否则，个性化在哪里？）要达到这个目标，我们学习了如何利用规则提升度来衡量规则的价值。在下一章，我们将构建一个音乐体裁分类器。

## 第 9 章

分类Ⅲ：音乐体裁分类

到目前为止，我们均假定任何训练样本都很容易用特征向量来描述，这种情况其实比较"奢侈"。例如在Iris数据集里，花朵可以用包含花朵特定方位的长度和宽度的向量来表示。在基于文本的例子中，我们可以把文本转换为词袋表示形式，并人工构建文本特定方面的特征。

然而在本章，当我们尝试对歌曲进行体裁分类的时候，情况将不太一样。例如，我们该如何表示一段3分钟长的歌曲呢？是否应该用MP3数据的每个比特来表示呢？这大概是不行的，因为把它当做文本来构建"声音比特袋"这样的东西，一定会过于复杂。但我们必须以某种方式把歌曲转换成一些足以描述它的值。

9.1 路线图概述

本章将会告诉我们如何在舒适区之外构建优秀的分类器。对这个问题，我们必须使用基于声音的特征。这比之前用到的基于文本的特征要复杂得多。我们还必须学会如何处理多个类别，虽然到目前为止我们遇到基本上的都是二分类问题。另外，我们还将了解一些评估分类效果的新方式。

让我们假设这样一个场景：从自己的硬盘里找一些随机命名的MP3文件，它们都是音乐，然后我们的任务就是对它们进行分类，按照乐曲体裁放进不同的文件夹里，例如爵士乐（jazz）、古典音乐（classical）、乡村音乐（country）、流行音乐（pop）、摇滚乐（rock）和金属音乐（metal）。

9.2 获取音乐数据

我们将要使用的是GTZAN数据集，它是一个经常用于乐曲体裁分类任务的数据集。它把音乐分成10种体裁。为了简化问题，我们只使用其中的6种：古典、爵士、乡村、流行、摇滚和金属音乐。这个数据集包含每种体裁100首乐曲的前30秒的数据。我们可以在http://opihi.cs.uvic.ca/sound/genres.tar.gz下载这个数据集。音轨是22 050 Hz（每秒22 050次读入）单声道WAV格式的。

转换成音频格式

确实，如果想要在我们的MP3集合上测试分类器，我们并不能获取到很多信息。这是因为MP3是一种有损音乐压缩格式，它把人耳感知不到的部分都截掉了。这种方式有利于存储，因为用MP3格式你可以把10倍数量的歌曲放进你的设备。然而，对于我们的工作来说，MP3格式并不是很好。用WAV格式的音乐文件进行分类，会相对容易一些。所以，当我们要给音乐分类的时候，就需要转换MP3文件的格式。

> 如果你没有转换工具，你可以看一下sox：http://sox.sourceforge.net。它号称音频处理中的瑞士军刀。我们同意这个大胆的断言。

把所有音乐文件转换成WAV格式有一个好处，那就是它可以直接利用SciPy工具包读取：

```
>>> sample_rate, X = scipy.io.wavfile.read(wave_filename)
```

在这里，X包含的是样本，而sample_rate就是音频采样的速度。我们利用这些信息浏览一下音乐文件，来获得对这些数据的初步印象。

9.3   观察音乐

要快速获得对不同体裁乐曲的印象，一个比较便捷的方式是，画出某类音乐的声谱图。声谱图是音频的一个可视化表示方式。它在特定时间段（x轴）内显示出音频的强度（y轴）；这是说，在歌曲的某个时间窗内，颜色越深，频率越强。

Matplotlib提供了一个方便的函数specgram()，可以处理大部分后台计算，并把它们画出来：

```
>>> import scipy
>>> from matplotlib.pyplot import specgram
>>> sample_rate, X = scipy.io.wavfile.read(wave_filename)
>>> print sample_rate, X.shape
22050, (661794,)
>>> specgram(X, Fs=sample_rate, xextent=(0,30))
```

我们刚刚读取的波形文件是以22 050 Hz的频率抽样的，一共包含了661 794个样本。

如果把各式各样的波形文件的前30秒用声谱图画出来，那么就会看到同一体裁乐曲之间的共性，见下页图。

稍微浏览一下，我们立刻就可以找出金属音乐和古典音乐在声谱图里的差别。金属音乐在大多数频谱里都有一个很高的强度（有活力！），而古典音乐会随着时间显示出更加多样的模式。

这些数据应该能够训练出一个分类器，至少可以以足够高的准确率区分出金属音乐和古典音乐。而其他两两体裁之间，例如乡村和摇滚，却给我们提出了更大的挑战。对我们而言，这是一个真正的挑战，因为我们要区分的不是两个类别，而是6个。我们需要很好地区分出所有这6个类别才行。

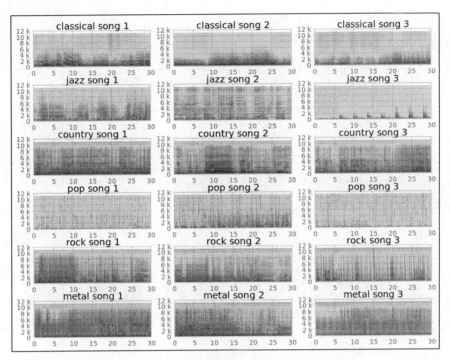

将音乐分解成正弦波形成分

我们的计划是从原始样本中（储存在X里）提取频率强度，并把它传进分类器。这些频率强度可以通过快速傅里叶变换（Fast Fourier Transform，FFT）得到。由于FFT背后的理论已经超出本章的讨论范围，所以我们只看一个例子，对它所做的事情有一个直观认识即可。之后，我们会把它当做一个黑盒式的特征提取器。

例如，我们生成两个波形文件：sine_a.wav和sine_b.wav，它们分别包含400 Hz和3000 Hz正弦波形的声音。之前提到的那个瑞士军刀sox，就是达到这个目标的一种方式：

```
$ sox --null -r 22050 sine_a.wav synth 0.2 sine 400
$ sox --null -r 22050 sine_b.wav synth 0.2 sine 3000
```

下面这个图表显示了前0.008秒的形状。同时我们也看到这个正弦波形的FFT。毫不奇怪，我们在对应的正弦波形下面可以看到400 Hz和3000 Hz的峰值。

现在让我们把它们混合起来，得到具有3000 Hz声音一半音量的400 Hz声音：

```
$ sox --combine mix --volume 1 sine_b.wav --volume 0.5 sine_a.wav
sine_mix.wav
```

　　我们可以在合成声音的FFT图形上看到两个峰值，其中3000 Hz峰值的大小几乎是400 Hz峰值的两倍：

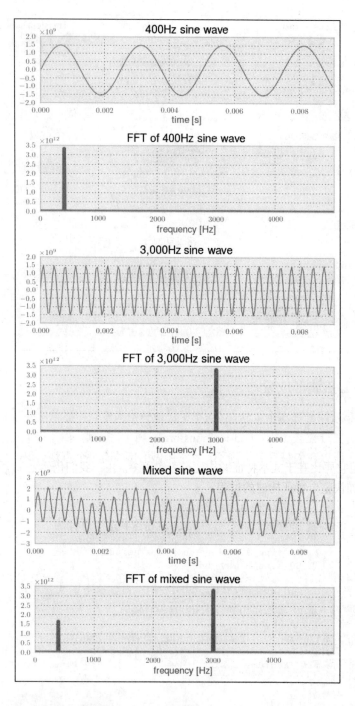

对于真实音乐，我们很快就可以看到，FFT的形状并不像在前面那个简单例子中那样漂亮：

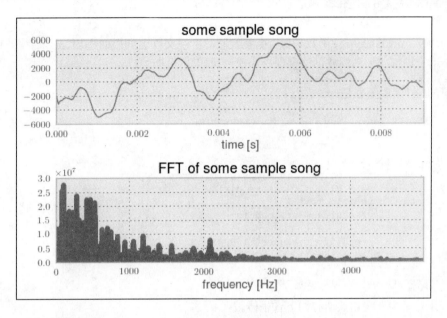

9.4 用 FFT 构建第一个分类器

现在我们可以用FFT来为歌曲构建某种音乐指纹了。如果对一些歌曲进行处理，并且人为地把对应的体裁当做标签，那么就有训练数据了，然后可以利用它们训练一个初始的分类器。

9.4.1 增加实验敏捷性

在对分类器进行深入训练之前，让我们先在实验敏捷性上花一点工夫。尽管FFT这个名字包含词语"fast"，但它要比基于文本特征的构建过程慢很多。由于我们仍然处于实验阶段，所以需要考虑一下如何加快整个特征构建的过程。

当然，每次运行分类器的时候，针对每个文件构建FFT的过程都是一样的。因此可以把它先缓存下来，之后直接读取缓存的FFT特征而不是波形文件。我们用create_fft()函数实现这个功能，它会用scipy.fft()来生成FFT。为了简单性（和速度！），在这个例子中我们把FFT成分的个数固定为前1000。以现有的知识，我们并不知道它们对于音乐体裁分类是否是最重要的——只是因为它们在之前的FFT例子中显示出了最高的强度。如果之后想使用更多或更少的FFT成分，那当然需要重新构建这些FFT缓存文件。

```
def create_fft(fn):
    sample_rate, X = scipy.io.wavfile.read(fn)
    fft_features = abs(scipy.fft(X)[:1000])
```

```
base_fn, ext = os.path.splitext(fn)
data_fn = base_fn + ".fft"
np.save(data_fn, fft_features)
```

我们用NumPy的save()函数来保存数据。它总会在文件名的后面添加.npy后缀。我们只需要对每个用于训练或预测的波形文件保存一次就可以了。

对应的FFT读取函数是read_fft()：

```
def read_fft(genre_list, base_dir=GENRE_DIR):
    X = []
    y = []
    for label, genre in enumerate(genre_list):
        genre_dir = os.path.join(base_dir, genre, "*.fft.npy")
        file_list = glob.glob(genre_dir)
        for fn in file_list:
            fft_features = np.load(fn)

            X.append(fft_features[:1000])
            y.append(label)

    return np.array(X), np.array(y)
```

在音乐目录中，我们预期有如下音乐体裁：

```
genre_list = ["classical", "jazz", "country", "pop", "rock", "metal"]
```

9.4.2   训练分类器

我们将要使用逻辑回归分类器，因为它在情感分析那章里已经取得了很好的效果。而所增加的难度在于，我们面临的是一个多分类问题。但到目前为止，我们只对两个类别进行过区分。

第一次从二分类问题切换到多分类问题的时候，有一个让人感到惊奇的地方，就是正确率的估算。在二分类问题中，我们已经学过，50%的正确率是最差的结果，因为它跟随机猜测没什么区别。但在多分类问题中，50%的正确率可能已经非常好了。例如，在我们的6个体裁中，随机猜测只能得到16.7%的正确率（假设每个类别的样本数目相同）。

9.4.3   在多分类问题中用混淆矩阵评估正确率

对于多分类问题，我们不应该把关注点只局限在能否对体裁进行正确分类上，还应该仔细看一下那些相互混淆的类别。这可以使用混淆矩阵（confusion matrix）来处理：

```
>>> from sklearn.metrics import confusion_matrix
>>> cm = confusion_matrix(y_test, y_pred)
>>> print(cm)
[[26  1  2  0  0  2]
 [ 4  7  5  0  5  3]
```

```
[ 1  2 14  2  8  3]
[ 5  4  7  3  7  5]
[ 0  0 10  2 10 12]
[ 1  0  4  0 13 12]]
```

它打印出了分类器在测试集中所预测的每个类别的标签分布。由于有6种体裁，所以我们就有一个6×6的矩阵。矩阵的第一行是在说，在31首古典音乐中，它预测出有26首乐曲属于古典音乐，1首属于爵士乐，两首属于乡村音乐，还有两首属于金属体裁的乐曲。矩阵的对角线表示正确的分类。在第一行里，我们看到在31首乐曲（26+1+2+2=31）里，有26首被正确分成了古典体裁，而另外5首被错误分类。这个结果其实并不太坏。但第二行就更加让人警醒：在24首爵士乐曲中，只有4首被正确分类——正确率仅有16%。

当然，我们遵循了前一章中的训练集/测试集切分方式，使我们可以记录下每一折交叉验证的混淆矩阵。我们之后还会对数据取平均值，并进行归一化，使得输出的结果在0（完全失败）到1（所有类别都分正确）之间。

可视化图形通常要比NumPy数组更容易读懂。Matplotlib的matshow()就是我们的老朋友：

```python
from matplotlib import pylab

def plot_confusion_matrix(cm, genre_list, name, title):
    pylab.clf()
    pylab.matshow(cm, fignum=False, cmap='Blues', vmin=0, vmax=1.0)
    ax = pylab.axes()
    ax.set_xticks(range(len(genre_list)))
    ax.set_xticklabels(genre_list)
    ax.xaxis.set_ticks_position("bottom")
    ax.set_yticks(range(len(genre_list)))
    ax.set_yticklabels(genre_list)
    pylab.title(title)
    pylab.colorbar()
    pylab.grid(False)
    pylab.xlabel('Predicted class')
    pylab.ylabel('True class')
    pylab.grid(False)
    pylab.show()
```

当你构建一个混淆矩阵的时候，一定要选择彩色图形（matshow()的cmap参数）以及合适的颜色序列，这可以让浅色或深色的含义立即显示出来。我们建议您千万不要使用彩虹彩图，例如Matplotlib默认的"jet"，或者"Paired"彩图。

最后得到的图形如下所示：

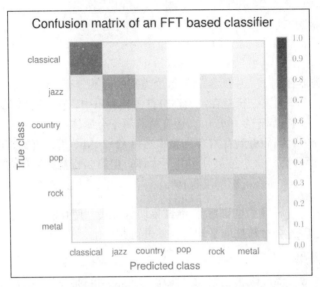

对于一个完美的分类器，我们预期从左上角到右下角都是深色的方格，而剩下的区域都是浅色格子。在这个图中，可以立即看到我们的基于FFT的分类器离完美还相差甚远。它只能正确预测古典乐曲（深色方格），而别的音乐体裁，例如摇滚乐，多数时间会被它错误地分类为金属乐。

很明显，使用FFT是正确的方向（古典体裁的效果还不错），但这还不足以得到一个效果很好的分类器。毫无疑问，我们可以调整一下FFT成分的个数（之前固定为1000）。但是在深入参数调优之前，我们应该进行一点调研。我们发现FFT对于体裁分类确实是一个不错的特征——只是它还没有足够调优。之后，我们就会看到如何通过处理后的特征来提升分类效果。

然而，在这之前，我们将学习另外一个衡量分类效果的方法。

9.4.4 另一种方式评估分类器效果：受试者工作特征曲线（ROC）

我们已经学过，正确率并不一定就能反映出一个分类器的真正效果。相反，依靠准确–召回曲线，可以对分类器的效果有一个更深入的了解。

这里有一个准确–召回曲线的姊妹标准，叫做受试者工作特征曲线（Receiver Operator Characteristic，ROC）。它也衡量了分类器的类似方面，但它对分类效果提供了另外一种观点。它们之间最主要的区别在于，P/R曲线更适合正类别比负类别更重要的任务，或者说正例数目比负例数目小得多的任务。信息检索或欺诈检测就是它的典型应用领域。另一方面，ROC曲线对分类器的一般效果提供了一个更好的描绘。

要更好地理解它们之间的差别，让我们看看之前训练好的乡村音乐分类器的效果：

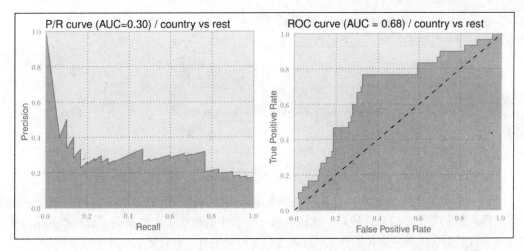

在左边那张图中，我们看到的是R/P曲线。对于一个理想的分类器，曲线将会直接从左上角到右上角，再到右下角。得到的曲线下面积（Area Under Curve，AUC）为1.0。

右边那个图描绘的是与之相应的ROC曲线。它刻画的是真正率与假正率之间的关系。这里，对于一个理想的分类器，曲线会从左下角到左上角，然后再到右上角。而一个随机分类器会有一条从左下角到右上角的直线。如图中的虚线所示，它具有0.5的AUC。因此，我们不能拿P/R曲线的AUC和ROC曲线的AUC直接做比较。

在比较两个不同分类器在同一个数据集上的效果时，我们可以假定P/R曲线具有较高AUC，这意味着它所对应的ROC曲线也具有较高的AUC，而反之亦然。因此，我们不需要生成两个曲线。更多这方面的信息可以在一篇非常有见解的论文中了解到：*The Relationship Between Precision-Recall and ROC Curves, Jesse Davis and Mark Goodrich, ICML 2006*。

	x 轴	y 轴
P/R	召回率 $= \dfrac{TP}{TP+FN}$	准确率 $= \dfrac{TP}{TP+FP}$
ROC	$FPR = \dfrac{FP}{FP+TN}$	$TPR = \dfrac{TP}{TP+FN}$

在曲线x轴和y轴的定义中，我们可以看到，ROC曲线y轴的真正率（true positive rate）与P/R图x轴的Recall（召回率）是相同的。

假正率衡量了在真负样本中被错误识别成正例的比例。它在完美情况下是0（没有假正样本），否则是1。对比Precision（准确率）曲线，我们得到的结果正好相反，它是在真正样本中被正确分类样本的比例。

今后，我们将使用ROC曲线进行评估，使我们对分类器性能有一个更好的认识。在多分类问题中，唯一的挑战就是，ROC和R/R曲线所假定的是二分类问题。要达到我们的目标，让我们为每个类别创建一个图表，显示出分类器在"1 vs. 剩余类别"分类中的效果。

```
y_pred = clf.predict(X_test)

for label in labels:
    y_label_test = np.asarray(y_test==label, dtype=int)
    proba = clf.predict_proba(X_test)
    proba_label = proba[:,label]
    fpr, tpr, roc_thresholds = roc_curve(y_label_test, proba_label)
    # 画出tpr与fpr之间的关系
    # ...
```

我们一共得到了6个ROC曲线，如下页图所示。正如我们已经发现的那样，第一版的分类器只在古典乐曲的分类中效果比较好。然而，看一下其中的每一个ROC曲线，就可以知道我们在其他大多数类别中的效果实在不佳。只有爵士和乡村类别有一些希望。而剩下的类别很明显还不可用。

9.5　用梅尔倒频谱系数（MFCC）提升分类效果

我们已经知道，FFT是正确的方向，但是它还不能确保我们最终能得到一个分类器，能成功地把含有多种体裁乐曲的目录整理成含有单一体裁乐曲的目录。不管怎样，我们都需要一个更高级的分类器。

在这一点上，多做一点研究肯定是明智的。其他人过去可能也碰到过同样的难题，并且已经找到新的解决方法，这对我们也会有所帮助。确实，甚至有一个每年举行的会议，专门研究音乐体裁分类问题。这个会议是由音乐信息检索国际协会（International Society for Music Information Retrieval，ISMIR）组织的。很明显，自动音乐体裁分类（Automatic Music Genre Classification，AMGC）是音乐信息检索（Music Information Retrieval，MIR）的一个子领域。浏览了一些AMGC的论文之后，我们发现那里有很多自动体裁分类方面的工作，可能有所帮助。

有一个技术似乎已经成功应用在很多工作中了，它叫做梅尔倒频谱系数（Mel Frequency Cepstral Coefficient，MFCC）。梅尔倒频谱（Mel Frequency Cepstrum，MFC）会对声音的功率谱进行编码。它是通过对信号谱的对数进行傅里叶变换计算得到的。如果你觉得它听起来过于复杂，那么简单记住"cepstrum"这个名字即可，它源自"spectrum"，前4个字母是倒序的。MFC已经成功应用于对话与发言者的识别。让我们看看在我们的例子里是否也能使用它。

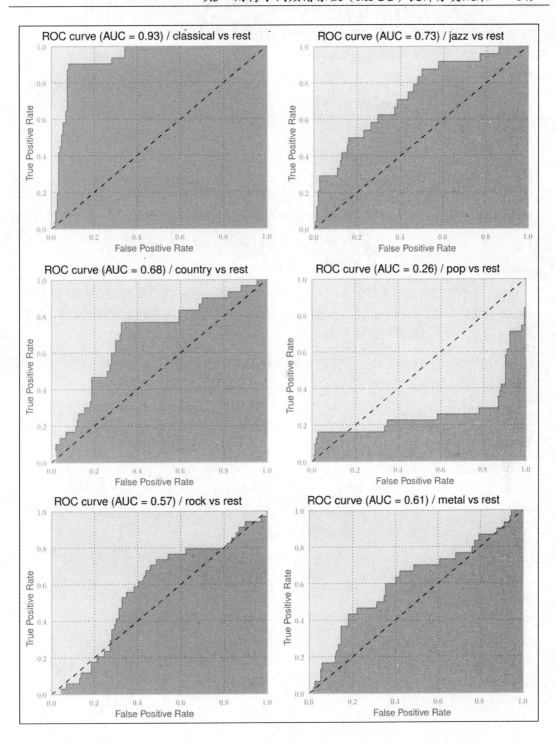

幸运的是, 其他人曾经和我们有一样的需求, 并且已经发布了一个实现, 叫做Talkbox SciKit。我们可以从https://pypi.python.org/pypi/scikits.talkbox安装。之后, 我们可以调用mfcc()函数, 它会计算出MFC系数, 如下所示:

```
>>>from scikits.talkbox.features import mfcc
>>>sample_rate, X = scipy.io.wavfile.read(fn)
>>>ceps, mspec, spec = mfcc(X)
>>> print(ceps.shape)
(4135, 13)
```

用于分类的数据存储在ceps里, 它对歌曲 (文件名为fn) 的4135帧中的每一帧都有13个系数 (mfcc()函数里nceps参数的默认值)。如果使用所有数据, 将会压垮我们的分类器。相反, 我们可以取每个系数在所有帧中的平均值。假设每首歌曲的开始和结束部分, 和中间部分相比跟体裁相关的可能性很小, 我们可以忽略前后10%的内容。

```
x = np.mean(ceps[int(num_ceps*1/10):int(num_ceps*9/10)], axis=0)
```

确实, 我们要使用的评比数据集, 只包含每首歌曲的前30秒, 所以我们无需把后10%的内容切掉。不过我们仍然会做这个处理, 这样可以使我们的代码也能在其他的数据集上工作, 而其他数据集很可能并没有做这样的截断。

与之前的FFT工作类似, 我们肯定还会把生成的MFCC特征缓存起来, 并在每次训练分类器的时候直接读取, 而不用再重新生成。

这就得到了如下代码:

```
def write_ceps(ceps, fn):
    base_fn, ext = os.path.splitext(fn)
    data_fn = base_fn + ".ceps"
    np.save(data_fn, ceps)
    print("Written %s" % data_fn)

def create_ceps(fn):
    sample_rate, X = scipy.io.wavfile.read(fn)
    ceps, mspec, spec = mfcc(X)
    write_ceps(ceps, fn)

def read_ceps(genre_list, base_dir=GENRE_DIR):
    X, Y = [], []
    for label, genre in enumerate(genre_list):
        for fn in glob.glob(os.path.join(
base_dir, genre, "*.ceps.npy")):
            ceps = np.load(fn)
            num_ceps = len(ceps)
X.append(np.mean(
ceps[int(num_ceps*1/10):int(num_ceps*9/10)], axis=0))
y.append(label)

    return np.array(X), np.array(y)
```

我们使用一个每首歌曲只有13个特征的分类器，得到了如下很有希望的结果，如下图所示：

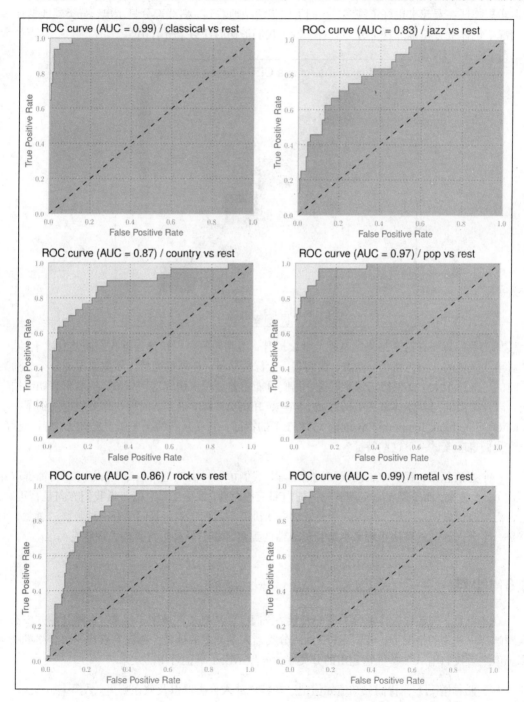

所有类别的分类效果都提升了。爵士和金属类别甚至几乎达到了 1.0 的 AUC。确实，下图中的混淆矩阵现在看起来也好了许多。我们可以很清楚地看到，斜线部分显示出，分类器能够在多数情况下把体裁分正确。这个分类器对于解决我们最初的任务十分有用。

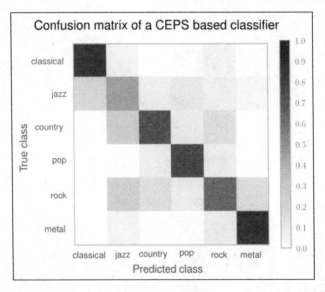

如果我们想要在这个结果的基础上继续提升，混淆矩阵可以快速告诉我们需要专注于哪里：非对角线区域的非白色格子。例如，我们有一个深色格子，在那里把爵士乐曲错误地分类成摇滚乐曲的可能性很大。要想修正这个问题，我们可能需要更深入研究这些乐曲，抽取出诸如节拍模式，以及类似的与具体体裁相关的性质。同样，在浏览 ISMIR 论文的时候，你可能也读到了关于 Auditory Filterbank Temporal Envelope（AFTE）的特征。它在某些情况下似乎比 MFCC 特征更好。也许我们也应该试一下这些特征？

一个好消息是，有了 ROC 曲线和混淆矩阵，我们可以自由地把其他专业知识（以特征提取器形式）引入进来，而不需要完全理解它们的内部工作原理。评估工具总能告诉我们方向是否正确，是否需要改变方向。当然，作为一个爱好学习的机器学习初学者，我们总有一种朦胧的感觉，那就是一个令人激动的算法正埋藏在特征提取器的黑盒子中，只是等待我们去理解它而已。

9.6　小结

在本章里，构建音乐体裁分类器的时候，我们已经从舒适区域走了出来。在刚开始并没有深入理解音乐理论的情况下，我们用 FFT 训练分类器来预测歌曲体裁，却没有获得一个合格的正确率。但之后我们用 MFC 特征构建出的分类器，就显示出了真正可用的效果。

在这两种情况下，我们只知道如何把这些特征放入分类器以及放在哪里。结果一个失败了，而另一个成功了。它们之间的差异在于，在第二种情况下，我们所依赖的是由这个领域的专家所构建的特征。

这是完全可以的。如果我们主要是对结果感兴趣，那么有时可以简单采取这种捷径——不过必须确保这些捷径来自于特定领域的专家。由于已经学过如何正确评估多分类问题的性能，因此我们对于采用这种捷径是有信心的。

下一章介绍如何把学到的技术应用到特定类型的数据上。我们将学习如何使用mahotas计算机视觉包里的传统图像处理函数，以便对图像进行预处理。

## 第 10 章

计算机视觉：模式识别

在工业应用中，图像分析和计算机视觉一直都很重要。随着带有摄像头的手机和互联网的流行，用户将不断上传图像和视频。所以，这正是利用上述技术提升用户体验的好机会。

在本章，我们将看到如何把学到的技术应用到特定类型的数据上，学习使用mahotas计算机视觉包里的传统图像处理函数，对图像进行预处理。这些技术可以用于数据预处理、噪声消除、图像清理、对比度拉伸，以及其他简单任务。

我们还会看到如何从图像里提取特征；然后把这些特征当做输入数据，用于我们从其他章里学到的那些分类方法。我们将会把这些技术应用到一些公开的照片数据集上。

10.1　图像处理简介

从计算机的角度来看，一张图像就是一个较大的长方形像素数组。我们希望对这张图片进行处理，得到一张新的或更好的图片（可能含有较少的噪声或者是另外一个样子）。这就是通常所说的图像处理。我们可能还希望由这个数组出发，得到与应用相关的决策，也就是所谓的计算机视觉。很多人无法把这两个领域分清楚，但这就是通常用来描述它们的术语。

第一步是从磁盘里读取图像。它们通常是以PNG或JPEG格式存储的。前者是一种无损压缩格式，而后者是一种有损压缩格式，是为图片的主观欣赏价值而进行优化的。然后，我们希望对图像进行预处理（例如，根据光照变化对图像进行归一化）。

我们把分类问题当做本章的驱动力。我们想要学习一个支持向量机（或其他）分类器，用它来对图像分类。而在应用机器学习方法之前，我们会先从图像里提取数值特征，并把它们当做图像的一种中间表示方式。

最后，在本章的末尾，我们会学习一下图像的局部特征（这个新家族里的第一个方法就是尺度不变特征变换，即Scale-Invariant Feature Transform，缩写为SIFT，开发于1999年）。这些都是比较新的方法，而且已经在很多应用中取得了良好的效果。

10.2　读取和显示图像

为了对图像进行操作，我们会使用一个叫做mahotas的程序包。它是一个开源程序包（经MIT许可，它可以用在任何项目里），是由本书的一个作者开发出来的。幸运的是，它是基于NumPy的。所以到目前为止你所掌握的NumPy知识都可以用于图像处理。这里还有其他图像包，如Scikit-image（Skimage），SciPy中的ndimage（ n 维图像）模块，以及OpenCV中的Python绑定。所有这些都原生支持NumPy，所以你可以把来自不同程序包的函数混合在一起使用。

我们从引入mahotas开始，在本章中用mh这个缩写来表示它：

```
import mahotas as mh
```

现在用imread读取一个图像文件：

```
image = mh.imread('imagefile.png')
```

如果imagefile.phg包含的是一个高为h宽为w的彩色图像，那么image就是一个形为(h,w,3)的数组。第一维是高度，第二维是宽度，第三维是红色/绿色/蓝色。其他系统可能会把宽度放在第一维，但这是一个数学上的惯例，所有基于NumPy的程序包都是这样使用的。数组元素的类型通常是np.unit8（8位无符号整数）。这就是你的照相机所拍摄的或显示器全屏所能显示的图像。

然而，一些专业设备（主要是在科学领域）会拍出更高分辨率的图像。一般是12位或16位。mahotas可以处理所有这些图像，包括浮点数值的图像。（并不是所有操作对于浮点数都有意义，但如果要这样做，mahotas也都可以支持。）在很多计算中，即使原始数据里包含的是无符号整数，把它们转化为浮点数也是有用处的，这样可以简化对舍入和溢出问题的处理。

> mahotas可以使用各种不同的输入/输出后端。但不幸的是，它们不能读取所有现有的图像格式（有几百种格式，每一种又有一些变种）。但是，它们都支持对PNG和JPEG图像的读取。所以我们只聚焦在这些常见格式上。对于不常见格式的读取，你可以参考mahotas的文档。

mh.imread的返回值是一个NumPy数组。这意味着你可以使用标准NumPy函数来处理图像。例如，从图像里减去像素均值通常是很有用处的操作。它有助于在不同光照条件下对图像进行归一化，这个操作可以用标准的mean方法来实现：

```
image = image - image.mean()
```

我们可以用matplotlib在屏幕上把图像展示出来。这个绘图工具库我们已经使用过几次了：

```
from matplotlib import pyplot as plt
plt.imshow(image)
plt.show()
```

这张图像遵循了是第一维高度、第二维宽度的惯例。它对彩色图像一样可以正确处理。在使用Python进行数值计算的时候，整个系统都能很好地协作，这使我们受益匪浅。

10.2.1   图像处理基础

我们从一个特意为本书而收集的小规模数据集开始。它有3个类别：建筑物、自然景色（风景），和文字图像。每一类里有30份图像，是用手机摄像头拍摄的。所以这些图像和用户上传到网站的那些图像是类似的。这个数据集可以从本书的网站上获得。在本章的后面，我们还将会看到一个更加困难的数据集，有更多的图像和更多的类别。

这个建筑物是该数据集中里一张图像。我们拿它作为一个例子。

也许你已经意识到了，图像处理是一个很大的领域。这里只会涉及一些非常基本的操作。有一些最基本的操作只用NumPy就可以实现，但其他的操作我们将使用mahotas。

1. 阈值

卡阈值是一种非常简单的操作：我们对像素值变换，大于一定阈值的是1，而其他小于阈值的是0（或者用Booleans，把它转换为True或False）：

```
binarized = (image > threshold_value)
```

我们需要选择阈值的宽度值（代码中的threshold_value）。如果图像都非常相似，那么我们可以基于统计选择一个，并把它应用于其他所有图像，否则必须基于像素值对每张图像都计算一个不同的阈值。

    mahotas实现了一些选择阈值的方法。其中一个叫做Otsu，它是以它的发明者命名的。该方法的第一个必要步骤就是用rgb2gray把图像转换为灰度图。

    除了rgb2gray，我们还可以通过调用image.mean(2)得到红、绿、蓝通道的均值。然而，它的结果和rgb2gray并不相同，这是因为rgb2gray对不同的颜色使用了不同的权重，给出的是一个在主观上更让人感到愉悦的结果。我们的眼睛对3种基本色的敏感程度并不相同。

```
image = mh.colors.rgb2gray(image, dtype=np.uint8)
plt.imshow(image) # 展示图像
```

    matplotlib会默认把这个单通道图像显示为假彩色图像，较高的值用红色，较低的值用蓝色。对于自然图像，灰度图则更为适合。你可以用下述方法调用：

```
plt.gray()
```

    现在图像显示成灰度图了。注意只有像素值的解释和显示方式变化了，这幅图的其他地方并没有改变。我们可以继续进行处理，并计算阈值：

```
thresh = mh.thresholding.otsu(image)
print(thresh)
imshow(image > thresh)
```

    把这个方法应用到前面那张图的时候，该方法发现了阈值164，它可以把建筑物、停放的车辆以及上面的天空分离出来。

    这个结果本身可能就很有用（如果想评估这幅阈值图的一些属性），它也可以用于后续处理。最后的结果是一个二值图像，可以用于选择感兴趣的区域。

这个结果仍然不是非常好。我们可以在这幅图上进行一些操作来进一步调优。例如，我们可以运行close操作器，去除上边角落里面的一些噪声：

```
otsubin = (image <= thresh)
otsubin = mh.close(otsubin, np.ones((15,15)))
```

在这里，我们是在把低于阈值的区域封闭起来，我们也可以把这个阈值操作反过来做，在反向图中进行open操作：

```
otsubin = (image > thresh)
otsubin = mh.open(otsubin, np.ones((15,15)))
```

不管哪种情况，这个操作都会对一个结构元素进行处理，该元素定义了我们要关闭的区域的类型。在这里，我们使用的结构元素是一个15×15的方块。

这仍然不够完美，因为在停车区域里有一些光点没有去掉。我们会在本章的后面进一步提升效果。

Otsu阈值可以把天空区域识别得比建筑物更加明亮。另一种阈值方法叫做**Ridley-Calvard**方法（也是以它的发明者命名的）：

```
thresh = mh.thresholding.rc(image)
print(thresh)
```

该方法返回了一个更小的阈值137.7，并且把建筑物的细节区分了出来。

这样是好是坏，取决于你想区分出什么来。

2. 高斯模糊

对图像进行模糊化似乎有点奇怪，但它经常被用于降噪，可以对后续的处理有所帮助。在 mahotas 里，只需要一个函数调用即可：

```
image = mh.colors.rgb2gray(image)
im8 = mh.gaussian_filter(image,8)
```

注意，我们并没有把灰度图转化为无符号整数，只是利用了浮点数结果。gaussian_filter 函数的第二个参数是这个滤波器的大小（滤波器的标准差）。较大的值会导致结果更为模糊，如我们在下图中所看到的那样（显示出了大小为8、16和32的滤波效果）：

10

我们可以对左边那个图用Otsu阈值卡一下（代码和之前一样）。现在这个结果就是建筑区域和天空区域的一个完美划分。在一些细节被平滑掉的同时，停车区域内的光点也被平滑掉了。这个结果是天空的近似轮廓，不存在任何伪造。通过模糊化，我们把和总体布局无关的细节都去掉了。看看下面这张图：

3. 不同效果的滤波

通过图像处理技术获得令人愉悦的图像效果，可以追溯到数字图像刚刚出现的时候。但在最近，它已经变成了很多有趣应用的基础，其中最有名的可能要属Instagram。

我们将要使用图像处理中的一幅传统图像，Lenna图像。它可以从本书网站（或其他很多图像处理网站）下载：

```
im = mh.imread('lenna.jpg', as_grey=True)
```

10.2.2 加入椒盐噪声

我们可以在这个结果上进行很多后续处理,如果我们愿意的话。例如,我们可以在图像里加入一点椒盐噪声,来模拟扫描噪点。我们生成一个跟原始图像相同宽度高度的随机数组。其中只有1%的值是True。

```
salt = np.random.random(lenna.shape) > .975
pepper = np.random.random(lenna.shape) > .975
```

我们现在添加椒(意思是几乎为黑色的值)盐(意思是几乎为白色的值)噪声:

```
lenna = mh.stretch(lenna)
lenna = np.maximum(salt*170, sep)
lenna = np.minimum(pepper*30 + lenna*(~pepper), lenna)
```

我们把数值170当做白色,30当做黑色。这比极端值255和0要平滑一些。然而,这些都是选项,是由人的主观选择和做事方式决定的。

聚焦中心

最后这个例子显示了如何把NumPy操作和一些滤波混合起来,得到一个有趣的结果。我们从Lenna图像开始,并把它切分成几个颜色通道:

```
im = mh.imread('lenna.jpg')
r,g,b = im.transpose(2,0,1)
```

现在我们分别对这3个通道进行滤波,并用mh.as_rgb构建出一个合成图像。这个函数接收3个二维数组,进行对比度拉伸,并把每个二维数组转换为一个8位整型数组,然后把它们叠放起来:

```
r12 = mh.gaussian_filter(r, 12.)
g12 = mh.gaussian_filter(g, 12.)
b12 = mh.gaussian_filter(b, 12.)
im12 = mh.as_rgb(r12,g12,b12)
```

然后我们从中心到边界将两个图片混合在一起。首先我们需要构建一个权重数组w，它包含每个像素的归一化结果，这是每个像素到中心的距离：

```
h,w = r.shape # 高度和宽度
Y,X = np.mgrid[:h,:w]
```

我们使用了np.mgrid对象，它返回一个大小为（h，w）的数组，里面的值分别对应于y和x坐标：

```
Y = Y-h/2. # 中心在h/2
Y = Y / Y.max() # 归一化到-1 .. +1
X = X-w/2.
X = X / X.max()
```

现在用一个高斯函数赋予中心区域一个高权重：

```
W = np.exp(-2.*(X**2+ Y**2))
# 再次归一化到0...1
W = W - C.min()
W = W / C.ptp()
W = C[:,:,None] # 这会在W里增加一个虚设的第三维度
```

注意这些操作是如何通过NumPy数组实现的，它们并不是mahotas特有的方法。这就是Python NumPy生态系统的一个优点：你在学习纯机器学习方法时所学到的所有操作，在一个完全不同的背景下，依然是有用的。

最后，我们把两幅图像组合起来，让中间成为焦点，让边上较为柔和。

```
ringed = mh.stretch(im*C + (1-C)*im12)
```

既然你已经了解图像滤波的一些基本技术，就可以基于它生成新的滤波器了。这一点与其说是一种技术，还不如说是一种艺术。

10.2.3 模式识别

在对图像进行分类的时候，我们从一个较大规模的数组（包含像素值）开始。如今，几百万像素的图像已经很常见了。

我们可以把所有这些数字都当做特征放进学习算法。但这并不是一个很好的主意。因为每个像素（甚至每个像素组）和最终结果之间的关系是非常间接的。相反，传统方法是从图像中计算特征，然后把这些特征用于分类。

有一些方法可以直接对像素进行操作。它们有特征计算子模块。它们甚至试图自动从图像里学出好特征。这些都是当今学术界正在研究的课题。

我们前面使用了一个建筑类别的例子。这里还有一些文本和风景类别的例子。

模式识别就是图像分类

由于历史的原因，图像分类又叫做模式识别。然而它就是将分类方法应用于图像。自然，图像也有它自己的特定问题，我们将会在本章里处理这些问题。

10.2.4 计算图像特征

采用mahotas，计算图像特征就变得非常容易。有一个子模块叫做mahotas.features，包含了一些特征计算函数。

一个很常用的特征集合叫做Haralick纹理特征。和特征处理里面的众多方法一样，这个方法也是以它的发明者命名的。这些特征是基于纹理的：它们会对平滑的图像和带有模式的图像进行区分。用mahotas很容易计算这些特征：

```
haralick_features = np.mean(mh.features.haralick(image),0)
```

`mh.features.haralick`函数返回了一个4×13数组。第一维代表计算特征的4个可能方向（上、下、左、右）。如果我们对方向不感兴趣，那可以采用整体方向的平均值。基于这个函数，我们很容易构建一个分类系统。

mahotas里还实现了一些其他的特征集合。线性二元模式（linear binary pattern）是另一个基于纹理的特征集合，它对光亮变化非常健壮。另外还有一些其他类型的特征，包括局部特征，在本章后面将会进行讨论。

特征并不只是为分类而存在

基于特征对百万像素图像降维的方法，还可以用在其他机器学习情景中，包括聚类、回归，或维度归约。通过计算几百个特征，然后在结果中运行降维算法，你可以把一张百万像素的图像变成少数几个维度的特征，你构建的可视化工具甚至可以是二维的。

有了这些特征，我们就可以使用标准的分类方法进行分类，例如支持向量机：

```
images = glob('simple-dataset/*.jpg')
features = []
labels = []
for im in images:
  features.append(mh.features.haralick(im).mean(0))
  labels.append(im[:-len('00.jpg')])
features = np.array(features)
labels = np.array(labels)
```

这三种图像类别具有非常不一样的纹理。建筑物图像有清晰的边沿，以及颜色相似的大区块（像素值很少恰好一样，但差异很微小）。文本图像是由很多鲜明的明暗过度所组成的，在白色中有一些较小的黑色区域。自然风景图像有一些类分形的平滑变化。因此，基于纹理的分类器应该可以做得不错。不过由于数据集很小，我们用逻辑回归只得到了79%的正确率。

10.2.5　设计你自己的特征

图像特征并不是什么神奇的事情。它就是从图像里计算出来的数值。本文里已经给出了一些特征集合。它们通常有一个额外优点，就是对很多不重要的因素都具有不变性。例如线性二元模式就对"像素值乘以一个数或与常量相加"这个操作完全不变。这使得它对于图像光照变化十分健壮。

　　然而，你的特定问题也可能会受益于一些特别设计的特征。例如，要从自然图像中区分出文字，定义轮廓分明的文字特征就很重要。我们并不是要知道文字本身是什么（它们可能是轮廓分明的或方块的），而是说文本图像会有很多边界。因此，我们希望引入一种"锐度特征"。有一些方法可以实现这个功能（无限多）。机器学习系统的一个优点就是，我们只需要写出一些想法，然后就可以让系统找出哪些是好的，哪些不太好。

　　我们开始介绍另一个传统图像处理操作：边界寻找。在这里，我们将使用sobel滤波。从数学上说，我们用两个矩阵对图像滤波（求卷积）；竖向矩阵如下图所示：

$$\begin{pmatrix} 1 & 0 & 1 \\ -2 & 0 & -2 \\ 1 & 0 & 1 \end{pmatrix}$$

横向矩阵：

$$\begin{pmatrix} 1 & -2 & 1 \\ 0 & 0 & 0 \\ 1 & -2 & 1 \end{pmatrix}$$

然后我们把结果的平方相加，得到对每一点锐度的一个综合估计（在其他情况下，你可能需要把竖边和横边区分开，并以另外一种方式使用；当然，这取决于具体应用）。mahotas支持sobel滤波，如下所示：

```
filtered = mh.sobel(image, just_filter=True)
```

just_filter=True这个参数是必要的，否则它就会用阈值进行过滤，并得到对边界位置的一个估计。下图显示了应用这个滤波器的结果（左图），以及卡阈值方法得到的结果（右图）：

基于这个操作元，我们可以定义一个全局特征，作为它的综合锐度：

```
def edginess_sobel(image):
    edges = mh.sobel(image, just_filter=True)
    edges = edges.ravel()
    return np.sqrt(np.dot(edges, edges))
```

在最后一行里，我们使用了一个技巧来计算均方根——用内积函数np.dot和用np.sum(edges ** 2)是等价的，但运算速度要快很多（我们仅需要确保先把数组分解开了）。自然，我们还可以想出很多不同方式来得到相似的结果。比如一个明显的例子是，使用卡阈值的方式计算出大于阈值的像素比例。

我们很容易把这个特征添加到之前的管道里：

```
features = []
for im in images:
    image = mh.imread(im)
    features.append(np.concatenate(
            mh.features.haralick(im).mean(0),
            # 用我们的特征构建一个单元素列表，与np.concatenate相匹配
            [edginess_sobel(im)],
    ))
```

用这个结构很容易把特征集合融合进来。在使用了所有这些特征之后，我们得到了84%的正确率。

这个例子完美解释了这样一个原则：好算法只是比较容易的那个部分。你总可以找到一个前沿的分类方法来实现。但真正的秘密和附加价值通常是在特征设计和特征工程里面。这就是数据本身知识的价值所在。

10.3   在更难的数据集上分类

前面这个数据集是一个用纹理特征分类的简单数据集。事实上，很多从商业角度看来很有趣的问题，其实是相对容易解决的。有时我们会面对更加困难的问题，需要使用更好更多的先进技术才能得到好结果。

我们现在来测试一些具有相同结构的公共数据集：某些类别的照片。这些类别包括动物、汽车、交通运输和自然景色。

与之前讨论的三分类问题相比，这些类别更加难以区分。自然风景、建筑物和文字具有截然不同的纹理。但在这个数据集里，纹理并不是类别的明显标志。下面是动物类别的一个例子：

这是另一张汽车类别的图像：

两张图片都有自然背景，图像里都有较大的平滑区域。因此我们可以认为，纹理并不能很好区分它们。

如果使用跟之前一样的特征，我们用逻辑回归在交叉验证中就可以得到55%的正确率。对于4个类别来说，这并不是太坏，但也不是特别好。让我们看看是否可以用一个不同的方法做得更好。事实上，我们可以看到，我们需要把纹理特征和其他方法组合起来，才可能得到最好的结果。但是，要事第一——我们看一看局部特征。

10.4 局部特征表示

在计算机视觉领域里有一个较新的进展，那就是基于局部特征的方法。局部特征（local feature）跟之前我们介绍的从整个图像里计算出的特征不同，它是在图像的一小块区域内计算出来的特征。mahotas支持这类特征中的一种；加速稳健特征（Speeded Up Robust Feature）又叫做SURF；还有一些其他特征，其中最有名的要算是尺度不变特征变换（Scale-Invariant Feature Transform，SIFT）。这些局部特征对于旋转和光照变化十分稳健（也就是说，在光照变化的时候，它们的值只有很小改变）。

在使用这些特征的时候，我们需要确定在哪里计算它们。这里有3个经常采用的选项：

❑ 随机计算；
❑ 在一个格子里计算；
❑ 检测图像中的兴趣区域（这种技术叫做关键点检测，即keypoint detection，或兴趣点检测，即interest point detection）。

所有这些方式都是可行的，在正确的场景下，它们都可以给出较好的结果。mahotas对这三种方式都提供了支持。如果你确定的兴趣点可以和图像里的重要区域相对应，那么兴趣点检测的效果将会是最好的。当然，这取决于你的图像集合里面包含了什么。通常，它们对人造图像的效果比自然风景图像要好。人造景观有较强烈的角度、边界，以及高对比度的区域。这些通常会被自动检测器识别为兴趣区域。

由于我们所用的图像几乎都是自然景观，所以我们将使用兴趣点方法。用mahotas很容易计算这些特征；引入正确的子模块，并调用surf.surf函数：

```
from mahotas.features import surf
descriptors = surf.surf(image, descriptors_only=True)
```

descriptors_only=True标志是说，我们只对它们的描述符感兴趣，对它们的像素位置、大小和其他信息并不感兴趣。或者，我们可以采用密集抽样方法，使用surf.dense函数：

```
from mahotas.features import surf
descriptors = surf.dense(image, spacing=16)
```

它返回了描述符的值。这个值是从相互之间相距16像素的点集中计算出来的。由于这些点的位置是固定的，所以我们对兴趣点的元信息并不是很感兴趣，它也不会默认返回。不管在哪种情况下，它的结果（这些描述符）都是一个$n \times 64$的数组，其中n是抽样点的个数。抽样点的个数取决于图像的大小、图像的内容，以及传到函数里的参数。我们之前使用的都是默认参数，用这种方式我们每个图像都可以得到几百个描述符。

我们不能直接把这些描述符传进支持向量机、逻辑回归或者类似的分类系统中。要使用图像中的描述符，这里有几种方案。比如我们可以对它们取平均值，但这种做法的效果并不是很好，因为这样会丢失位置相关的信息。在这种情况下，我们应该用另外一组基于边缘检测的全局特征集合。

在这里我们要采用的方案是词袋模型。这是一个非常新的想法。它第一次发表是在2004年。这是一个事后看起来非常明显的想法：它非常简单，效果非常好。

在处理图像的时候提到"词语"，这好像有些奇怪，如果你不把它想象成写出来的词语，而把它当做说出来的声音，那就很容易理解它们之间的区别。如果一次说出一个词语，那么声音就会略有不同，所以它的波形也不会跟其他时候完全相同。然而，通过对波形的聚类，我们希望可以从中恢复出大部分结构信息，使得包含该词语的所有样本都聚集在一个簇中。即使这个过程并不完美（也不会是完美的），我们仍然可以把波形的分组当做词语。

这就是我们所说的视觉词语：把图像中看起来相似的区域聚成一组，把它们叫做视觉词语。这里的分组是我们在第3章中所碰到的聚类的一种形式。

　　词语个数一般对算法的最终效果并没有很大影响。不过，如果这个数字特别小（10或20，当你有几千图片的时候），那么整个系统的效果就不会很好。类似的，如果你有太多的词语（例如比图片数目多得多），那么这个系统也不会有好效果。然而，在两个极端之间，通常有一个很大的区间，你可以在不影响效果的情况下选择词语的数目。作为一个经验法则，如果你有很多很多图片，采用诸如256、512或1024这样的数值应该可以得到不错的结果。

我们从计算特征开始：

```
alldescriptors = []
for im in images:
  im = mh.imread(im, as_grey=True)
  im = im.astype(np.uint8)
  alldescriptors.append(surf.surf(im, descriptors_only))
```

这样可以得到超过100 000个局部描述符。现在，我们使用K均值聚类（k-means clustering）得到聚类中心。我们可以使用所有的描述符，但是为了提速，我们只使用其中一个较小的抽样集合：

```
concatenated = np.concatenate(alldescriptors) # 把所有描述符放进一个数组中
concatenated = concatenated[::32] # 只使用第32个元素所组成的向量
from sklearn.cluster import Kmeans
k = 256
km = KMeans(k)
km.fit(concatenated)
```

在所有这些都做完之后（会花费一点工夫），km里会包含所有关于聚类中心的信息。我们现在回到描述符，来构建特征向量：

```
features = []
for d in alldescriptors:
  c = km.predict(d)
  features.append(
      np.array([np.sum(c == ci) for ci in range(k)])
  )
features = np.array(features)
```

这个循环得到的最后结果是：features[fi]是一个跟图像位置fi相对应的直方图（用np.histogram函数可以使计算更快，但要把参数弄正确却需要一点技巧，而且剩下的代码会比现在这个简单步骤缓慢许多）。

结果是：现在每个图像可以用一列数目相同的特征来表示（在我们这里类簇个数是256）。然后我们就可以使用标准分类方法进行分类了。再次使用逻辑回归，我们现在得到了62%的正确率，有7%的提升。我们把所有特征组合在一起，可以得到67%的正确率，比基于纹理的方法提高12%。

10

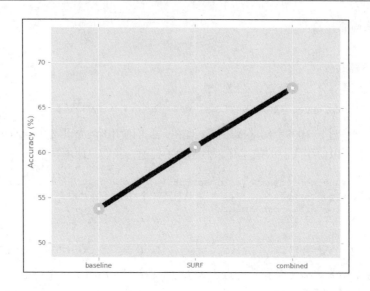

10.5　小结

我们学习了在机器学习范畴下，通过把几百万像素归约到一些维度上，用基于特征的经典方法来处理图像的内容。我们在其他章中学过的所有技术，都可以直接用于图像问题。这包括分类（当输入是图像的时候，这通常又叫做模式识别）、聚类或维度归约（甚至主题模型也可以用于图像，经常可以得到很有趣的结果）。

我们还学习了如何在一个词袋模型中使用局部特征进行分类。这是一个在计算机视觉中非常前沿的方法，可以得到很好的效果。在很多与图像分类无关的方面，它都具有健壮性，例如不同明暗程度的图像，以及同一个图像内不均匀的光照情况等。我们还把聚类当做分类的一个有用的中间步骤，而不是把它本身当做结果。

我们重点关注了mahotas，它是基于Python的一个主流计算机视觉库。同时，还有一些其他的库也同样被很好地维护着。Skimage（Scikit-image）在原理上相似，但拥有不同的特征集合。OpenCV是一个非常优秀的C++库，提供Python接口。所有这些都可以和NumPy数组协同工作，并可以混合搭配来自于不同库的函数，以构建复杂系统。

在下一章，你将会接触另一种形式的机器学习：维度归约。正如我们在之前几章里所看到的，包括在本章里使用图像的时候，生成很多特征是非常容易的。但是，为了速度、可视化或效果提升，我们通常希望减少特征的个数。在下一章，我们将了解如何做到这一点。

## 第 11 章

降　维 *11*

错进，错出，这就是我们所知道的真实生活。贯穿本书，在把机器学习方法用于训练数据的时候我们已经看到，这种模式仍然没有错。蓦然回首，我们发现机器学习中最有趣的挑战往往会包含一些特征工程的内容。我们通过对问题本身的理解，小心谨慎地构造出一些特征，希望机器学习算法可以采纳。

在本章，我们将走相反的路线，那就是降维。它会把无关或冗余的特征删掉。删减特征这件事初看起来似乎违背直觉，因为按说信息比较多应该比信息比较少更好才对。可以不忽略无用特征吗？比如，在机器学习算法里把它们的权重设为0。下面这些理由会告诉你为什么在实践中应该尽可能消减维度。

- 多余的特征会影响或误导学习器。并不是所有机器学习方法都有这种情况（例如，支持向量机就喜欢高维空间），但大多数模型在维度较小的情况下会比较安全。
- 另一个反对高维特征空间的理由是，更多特征意味着更多参数需要调整，过拟合的风险也越大。
- 我们用来解决问题的数据的维度可能只是虚高。真实维度可能比较小。
- 维度越少意味着训练越快，更多东西可以尝试，能够得到更好的结果。
- 如果我们想要可视化数据，就必须限制在两个或三个维度上；这就是所谓的数据可视化。

所以，这里将告诉你如何把数据中的垃圾扔掉，把有价值的部分保留下来。

11.1　路线图

降维方法大致分为特征选择法和特征抽取法。几乎在每一章里都会生成、分析，然后扔掉一些特征，我们已经使用过一些特征选择法。在本章，我们将展示一些利用统计方法（叫做相关性和互信息量）在大特征空间中进行特征选择的方式。特征抽取试图将原始特征空间转换为一个低维特征空间。无法使用选择方法删减特征，而特征对于我们的学习器来说又太多的时候，这种方法特别有效。我们将使用主成分分析（Principal Component Analysis，PCA）、线性判别式分析（Linear Discriminant Analysis，LDA）和多维标度法（MultiDimensional Scaling，MDS）来验证这一点。

11.2　选择特征

如果我们想要对机器学习算法好点，那提供给它的特征相互之间应该没有依赖关系，同时又跟预测值高度相关。这意味着，每个特征都可以加入一些重要信息。把它们之中的任何一个删掉，都会导致性能的下降。

如果只有几个特征，我们可以画出一个散点矩阵——每对特征组合都有一个散点。很容易就可以发现特征间的关系。对于显示出明显依赖关系的每对特征，我们可以思考是否应该把其中一个删掉，或者在这两者之外设计一个新的更清楚的特征。

然而，在大多数时间里，我们会在更多的特征里进行选择。仅仅考虑我们用词袋模型对答案质量进行分类这个任务，它需要 1000×1000 个散点。在这种情况下，我们需要一个更加自动的方法来检测特征之间的重叠，以及解决这种重叠的方法。我们将会在下面这些小节中给出两种通用的做法：筛选器（filter）和封装器（wrapper）。

11.2.1　用筛选器检测冗余特征

筛选器试图在特征丛林中进行清洗，它独立于后续使用的任何机器学习方法。它基于统计方法找出冗余（在这种情形下，在每组冗余特征中只需要保留其中一个）或无关特征。一般来讲，筛选器的工作流如下图所示：

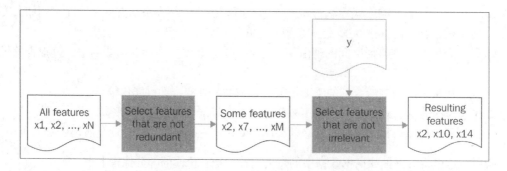

1. 相关性

通过使用相关性，我们很容易看到特征之间的线性关系。这种关系可以用一条直线来拟合。在下面这些图中，我们可以看到不同程度的相关性，以及一个用红色虚线描绘出的潜在线性依赖关系（一个拟合的一维多项式）。每幅图上方的相关系数 $\mathrm{Cor}(X_1, X_2)$ 是用皮尔逊相关系数（Pearson correlation coefficient）计算出来的（皮尔逊 r 值），采用的是 scipy.stat 里的 pearsonr() 函数。

给定两个大小相等的数据序列，它会返回相关系数值和 p 值所组成的元组。p 值是该序列产生于一个不相关系统的概率。换句话说，p 值越高，我们越不能信任这个相关系数：

```
>> from import scipy.stats import pearsonr
>> pearsonr([1,2,3], [1,2,3.1])
>> (0.99962228516121843, 0.017498096813278487)
>> pearsonr([1,2,3], [1,20,6])
>> (0.25383654128340477, 0.83661493668227405)
```

在第一种情况下，我们很清楚地知道这两个序列是相关的。而在第二种情况下，我们仍然有一个非零的r值。

然而，p值基本上告诉了我们这个相关系数是什么样的，我们不应该对它过多关注。下图中的输出说明了这一点：

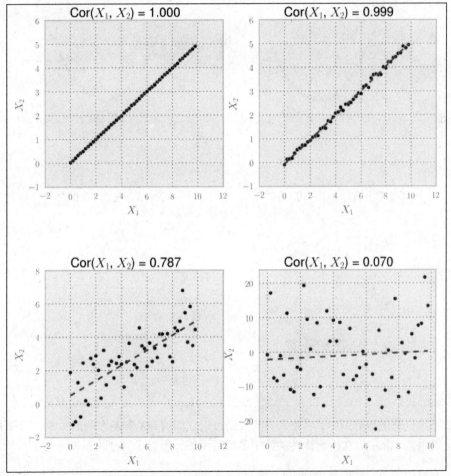

在前三个具有高相关系数的情形中，我们可能要把X_1或X_2扔掉，因为它们似乎传递了相似的信息。

然而在最后一种情况中，我们应该把两个特征都保留。在我们的应用中，这种决策当然是由

p值驱动的。

　　尽管这种方法在前面这个例子中工作得不错，但在实际应用中却并不如意。基于相关性的特征选择方法的一个最大缺点就是，它只能检测出线性关系（可以用一条直线拟合的关系）。如果我们在非线性数据中使用相关性，那就有问题了。在下面这个例子中，我们会有一个二次关系：

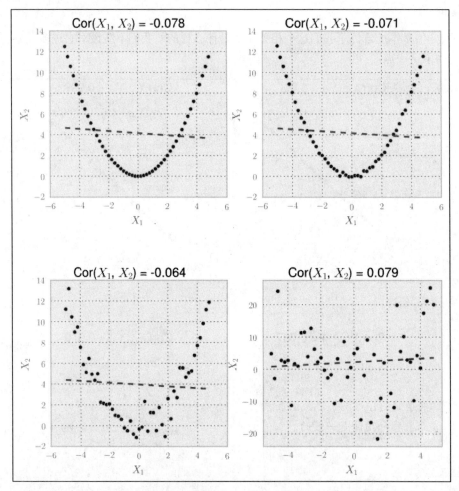

　　除右下图以外的所有图中，尽管人类的眼睛可以立即看到X_1和X_2之间的关系，却没法发现相关系数。很明显，相关性在检测线性关系中是很有用的，但对于其他关系就不行了。

　　对于非线性关系，互信息出马了。

2. 互信息

　　在进行特征选择的时候，我们不应该像前一节中那样（线性关系），把焦点放在数据关系的类型上。相反，我们应该考虑一下，在已经给定另一个特征的情况下一个特征可以提供多少信息量。

要理解这个，假设我们想要用特征集合中的house_size、num_of_levels和avg_rent_price特征训练一个分类器，来预测房子是否有电梯。在这个例子里，我们在直觉上可以看到，知道house_size就意味着我们并不再需要number_of_levels，因为它包含了冗余信息。但avg_rent_price就不一样了，我们没法简单从房屋的大小或楼层来推断租赁的价格。因此，我们应该保留这两个特征中的一个，再加上平均租赁价格。

互信息会通过计算两个特征所共有的信息，把上述推理过程形式化表达出来。与相关性不同，它依赖的并不是数据序列，而是数据的分布。要理解它是怎样工作的，我们需要深入了解一点信息熵的知识。

假设我们有一个公平的硬币。在旋转它之前，它是正面还是反面的不确定性是最大的，因为两种情况都有50%的概率。这种不确定性可以通过克劳德·香农（Claude Shannon）的信息熵来衡量：

$$H(X) = -\sum_{i=1}^{n} p(X_i) \log_2 p(X_i)$$

在公平硬币情景下，我们有两种情况：令x_0代表硬币正面，x_1代表硬币反面，$p(X_0)=p(X_1)=0.5$。

因此，我们得到下面的式子：

$$H(X) = -p(x_0)\log_2 p(x_0) - p(x_1)\log_2 p(x_1) = -0.5 \cdot \log_2(0.5) - 0.5$$
$$\cdot \log_2(0.5) = 1.0$$

为方便起见，我们还可以用scipy.stats.entropy([0.5, 0.5], base=2)。我们把base这个参数设为2，就可以得到跟前面一样的结果了。否则，这个函数将会通过np.log()使用自然对数。一般来说，数基对于结果并没有什么影响，只要你的用法是一致的。

现在，想象我们事先知道这个硬币实际上并不是公平的，旋转之后有60%的可能性会出现硬币的正面：

$$H(X) = -0.6 \cdot \log_2(0.6) - 0.4\log_2(0.4) = 0.97$$

我们可以看到这种情形有较少的不确定性。不管正面出现的概率为0%还是100%，不确定性都将会远离我们在0.5时所得到熵，到达极端的0值，如下图所示：

11

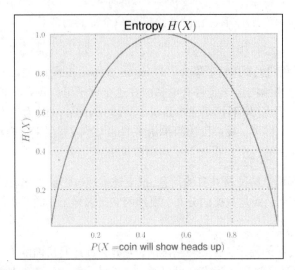

我们现在修改熵$H(X)$的计算方式，使之能够应用到2个特征上而不是1个。它衡量了在知道Y的情况下，X中所减少的不确定性。这样我们就可以得到，一个特征使另一个特征的不确定性减少的程度。

例如，在对天气情况没有任何了解的情况下，我们完全不能确定外面是否下雨了。但如果我们现在知道外面的草地是湿的，那么这种不确定性就会减少。（我们仍然需要查看洒水机是否打开了。）

更正式地讲，互信息量是这样定义的：

$$I(X;Y) = \sum_{i=1}^{m} \sum_{j=1}^{n} P(X_i, Y_j) \log_2 \frac{P(X_i, Y_j)}{P(X_i)P(Y_j)}$$

这看起来有一点令人敬畏，但它实际上只不过是一些求和和求积。例如，$P()$可以通过把特征值分成一些桶，然后计算进入每个桶里的数字的比例来得到。在下面这个图中，我们把桶的个数设为10。

为了把互信息量限制在[0,1]区间，需要把它除以每个独立变量的信息熵之和，然后就可以得到归一化后的互信息量：

$$NI(X;Y) = \frac{I(X;Y)}{H(X)+H(Y)}$$

互信息量的一个较好的性质在于，跟相关性不同，它并不只关注线性关系，如下图所示：

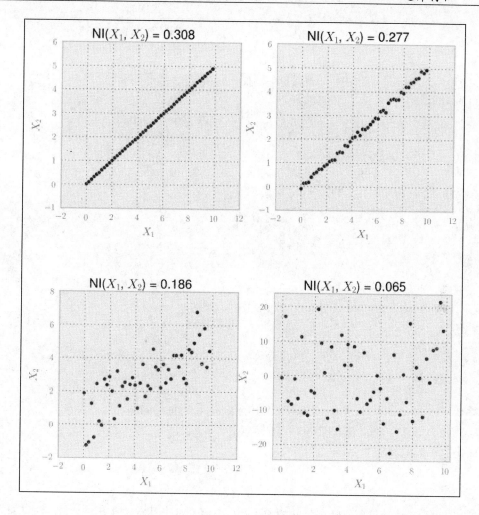

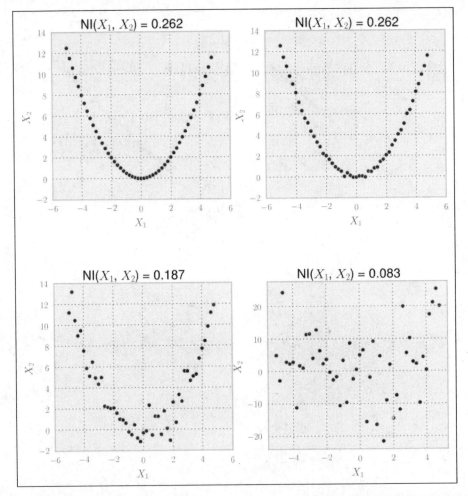

所以，我们需要计算每对特征之间的归一互信息量。对于具有较高互信息量的特征对，我们会把其中一个特征扔掉。在进行回归的时候，我们可以把互信息量非常低的特征扔掉。

对于较小的特征集合这种方式的效果或许还可以。但是，在某种程度上说，这个过程会非常缓慢，计算量会以平方级别增长，因为我们要计算的是每对特征之间的互信息量。

筛选器的还有一个巨大缺点，它们扔掉在独立使用时没有用处的特征。但实际情况往往是，一些特征看起来跟目标变量完全独立，但当它们组合在一起时就有效用了。要保留这些特征，我们就需要封装器。

11.2.2　用封装器让模型选择特征

筛选器对删除无用特征有很大的作用，但它们也只能做到这里了。在所有筛选都做完之后，仍然可能有一些特征，它们之间彼此独立，并且和目标变量有一定程度的依赖关系，但是从模型的角度来看，它们却毫无用处。只需要考虑下面这个数据，它描绘的是XOR函数。独立来看，不管A还是B，都跟Y没有任何依赖关系，但把它们放在一起，就有明显的关系：

A	B	Y
0	0	0
0	1	1
1	0	1
1	1	0

所以，为什么不让模型自己给每个特征投票呢？这就是封装器所要做的，如下面这个流程图所示：

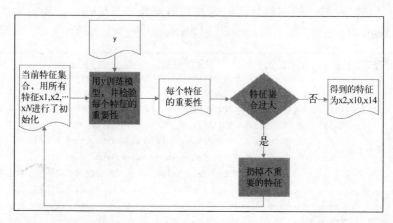

在这里，我们把特征的重要性计算放在模型的训练流程里。遗憾的是（但是可以理解），特征重要性并不是一个二元值，而是一个排序值。所以仍然需要给出切分的位置——哪部分特征我们希望保留，以及哪部分想要扔掉？

回到Scikit-learn，我们发现在sklearn.feature_selection包里有各种优秀的封装器类。这个领域中的一个真正主力军叫做RFE，这个缩写代表的是特征递归消除（recursive feature elimination）。它会把一个估算器和预期数量的特征当做参数，然后只要发现一个足够小的特征子集，就在这个特征集合里训练估算器。RFE实例在封装估算器同时，它本身看起来也像是一个估算器。

在下面这个例子中，我们通过datasets的make_classification()函数，创建了一个人工构造的分类问题，它包含100个样本。我们创建了10个特征，其中只有3个对解决这个分类问题是有价值的：

```
>>> from sklearn.feature_selection import RFE
>>> from sklearn.linear_model import LogisticRegression
>>> from sklearn.datasets import make_classification
```

```
>>> X,y = make_classification(n_samples=100, n_features=10, n_
informative=3, random_state=0)
>>> clf = LogisticRegression()
>>> clf.fit(X, y)
>>> selector = RFE(clf, n_features_to_select=3)
>>> selector = selector.fit(X, y)
>>> print(selector.support_)
[False True False True False False False False True False]
>>> print(selector.ranking_)
[4 1 3 1 8 5 7 6 1 2]
```

当然，真实情景中的问题是，我们该如何知道n_features_to_select的正确值呢？事实上，我们也无法知道。但在多数时间里，我们都可以采用不同的设置，对数据里的一些样本进行试验，快速得到一个大致正确的估计。

一个好消息是，我们在使用封装器的时候并不需要那么精确。让我们尝试几个不同的n_features_to_select值，来看看support_和ranking_会如何改变：

n_features_to_select	support_	ranking_
1	[False False False True False False False False False False]	[6 3 5 1 10 7 9 8 2 4]
2	[False False False True False False False False True False]	[5 2 4 1 9 6 8 7 1 3]
3	[False True False True False False False False True False]	[4 1 3 1 8 5 7 6 1 2]
4	[False True False True False False False False True True]	[3 1 2 1 7 4 6 5 1 1]
5	[False True True True False False False False True True]	[2 1 1 6 3 5 4 1 1]
6	[True True True True False False False False True True]	[1 1 1 5 2 4 3 1 1]
7	[True True True True False True False False True True]	[1 1 1 4 1 3 2 1 1]
8	[True True True True False True False True True True]	[1 1 1 3 1 2 1 1 1]
9	[True True True True False True True True True True]	[1 1 1 2 1 1 1 1 1]
10	[True True True True True True True True True True]	[1 1 1 1 1 1 1 1 1 1]

我们可以看到，这个结果十分稳定。在较小特征集合里选择的特征，在更多特征加入进来的时候仍然会被选择。最后，如果走错了方向，我们会用训练/测试集合来报警。

11.3　其他特征选择方法

当你阅读机器学习文献的时候，会发现其他一些特征选择方法。其中一些甚至看起来并不像特征选择方法，因为它们是嵌在学习过程里面的（不要跟前面提到的封装器混淆）。例如决策树，它有一个深植于其内核的特征选择机制。其他学习方法则会采用一些正则化方法对模型复杂性进行惩罚，从而使学习过程朝着效果较好并且仍然"简单"的模型发展。它们是通过把效用不大的特征的重要性降低为0，然后把它们扔掉（L1正则化）进行特征选择的。

看吧！通常，机器学习方法的威力很大程度上要取决于植入它们的特征选择方法。

11.4 特征抽取

从某种程度上说，当我们删除掉冗余特征和无关特征的后，经常会发现仍然还有过多的特征。无论使用什么机器学习方法，它们的效果都不会太好。我们可以理解，在给定的巨大特征空间中，实际上它们不可能做得很好。我们意识到，必须砍掉"皮肉"，删掉那些在常识意义上具有价值的特征。另一种需要降低维度，但特征选择又不会有多大帮助的情况是：对数据进行可视化。我们最多只能用3个维度，才能得到有意义的图形。

现在我们进入特征抽取方法。这些方法会对特征空间进行重构，使我们更容易接近模型，或者简单把维度砍到二维或三维，使我们能够把它们之间的依赖关系可视化地描绘出来。

同样，我们也可以把特征抽取方法分成线性和非线性的。跟特征选择那一节一样，我们对每个类型都会给出一种方法，线性的是主成分分析，非线性的是多维标度法。尽管这两种方法已经被广泛了解和使用，它们也只是更多有趣而强大的特征抽取方法中的代表。

11.4.1 主成分分析（PCA）

主成分分析（PCA），通常是你想要删减特征但又不知道用什么特征抽取方法时，第一个要去尝试的方法。PCA的能力是有限的，因为它是一个线性方法。但很可能它已经足以使你的模型学得很好。外加上它有着良好的数学性质、发现转换后特征空间的速度、以及在原始和变换后特征间相互转换的能力，我们几乎可以保证，它将会成为你最常用的一个机器学习工具。

总结起来，给定原始特征空间，PCA会找到一个到更低维度空间的线性映射。它具有如下性质：

❑ 保守方差是最大的；
❑ 最终的重构误差（从变换后特征回到原始特征）是最小的。

由于PCA只是简单对输入数据进行变换，所以它既可以用于分类问题也可以用于回归问题。在本节里，我们将使用一个分类任务来探讨这个方法。

1. PCA概述

PCA包含很多线性代数的内容，我们并不想深入探讨。然而，它的基础算法很容易用以下步骤描述：

(1) 从数据中减去它的均值；
(2) 计算协方差矩阵；
(3) 计算协方差矩阵的特征向量。

如果我们从N个特征开始，这个算法会返回一个变换后的N维特征空间——到现在为止我们并没有得到什么。然而，这个算法的一个好处在于，矩阵的特征值预示着方差的大小，这是通过对应的矩阵特征向量来描述的。

11

让我们假设有N=1000个特征，同时我们知道我们的模型在多于20个特征的时候效果不会很好。然后我们从中挑选出20个具有最高矩阵特征值的特征向量。

2. PCA应用

让我们考虑如下人造数据集，如左图所示：

```
>>> x1 = np.arange(0, 10, .2)
>>> x2 = x1+np.random.normal(loc=0, scale=1, size=len(x1))
>>> X = np.c_[(x1, x2)]
>>> good = (x1>5) | (x2>5) # 一些任意类别
>>> bad = ~good # 使示例看起来比较好
```

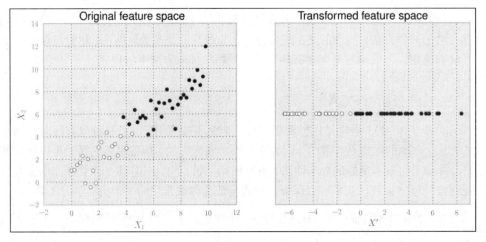

Scikit-learn在它的decomposition包里提供了PCA类。在这个例子里，我们可以明显看到，1个维度已经足以描述数据。我们可以用n_components参数给出：

```
>>> from sklearn import linear_model, decomposition, datasets
>>> pca = decomposition.PCA(n_components=1)
```

这里使用PCA的fit()和transform()方法（或者fit_transform()组合）来分析数据，并把数据映射到变换后的特征空间中：

```
>>> Xtrans = pca.fit_transform(X)
```

Xtrans只包含一个维度，正如我们指定的那样。你可以在右图中看到结果。在这个例子里，输出的结果是线性可分的。我们甚至不需要一个复杂的分类器，就可以区分出这两个类别。

要对重构误差有一个认识，我们看一下在变换中保留下来的数据方差：

```
>>> print(pca.explained_variance_ratio_)
>>> [ 0.96393127]
```

这意味着，在数据从二维变成一维之后，我们仍然剩下96%的方差。

当然，情况并不总是如此简单。通常，我们事先并不知道有多少维是可取的。在那种情况下，我们在初始化PCA的时候并不会指定n_components参数，而是让它进行完全转换。对数据进行拟合之后，explained_variance_ratio_包含了一个以降序排列的比例数组。第一个值就是描述最大方差方向的基向量的比例，而第二个值就是次最大方差方向的比例，以此类推。画出这个数组之后，我们可以快速看到我们需要多少个成分：在图表里成分个数恰好出现拐角的地方，通常是一个很好的猜测。

> 成分个数和方差之间的关系图，叫做Scree图。在http://scikit-learn.sourceforge.net/stable/auto_examples/plot_digits_pipe.html 可以下载到一个结合Scree图和网格搜索来为分类问题寻找最佳设置的例子。

11.4.2　PCA的局限性以及LDA会有什么帮助

作为一个线性方法，PCA在处理非线性数据时就有局限性了。我们在这里并不会深入探讨细节问题，但可以说，PCA的一些扩展，例如Kernel PCA，会引入非线性变换，使我们仍然可以使用PCA方法。

PCA另一个有趣的弱点出现在将它应用到特殊分类问题的时候。

让我们将下面的式子：

```
>>> good = (x1>5) | (x2>5)
```

替换为：

```
>>> good = x1>x2
```

来模拟一个特殊情况，我们可以很快发现问题所在。

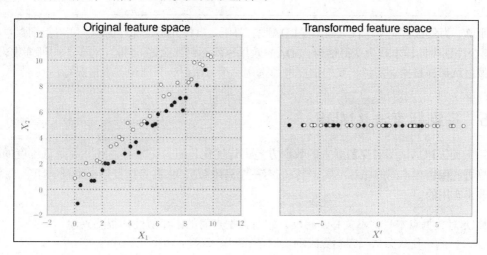

在这里，当坐标轴代表方差最高的方向时，各个类别并不会分散开，而如果代表的是次高方差的方向，却可以分散开。很明显，PCA犯了错误。由于我们并没有提供给它任何关于类别标签的信息，它无法做得更好。

线性判别式分析（Linear Discriminant Analyisis，LDA）出场了。这个方法试图让不同类别样本之间的距离最大，同时让相同类别样本之间的距离最小。在这里，我们就不深入探讨其背后理论细节了，仅给出一个帮你快速入门的使用方法：

```
>>> from sklearn import lda
>>> lda_inst = lda.LDA(n_components=1)
>>> Xtrans = lda_inst.fit_transform(X, good)
```

仅此而已。注意，与之前的PCA例子相比，我们为fit_transform()方法提供了类别标签。所以，PCA是一个无监督的特征抽取方法，而LDA是一个有监督的方法。其结果看起来符合预期：

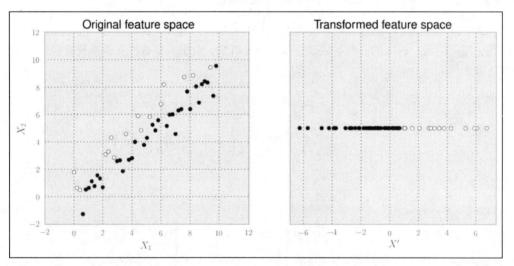

那么，为什么首先考虑PCA而不是LDA呢？好吧，事情并不是那样简单。随着类别数量的增多，每个类别中的样本就会变得稀少，LDA的效果也就不再那么好。同时，对于不同训练集，PCA并不像LDA那样敏感。所以当我们需要考虑选用哪个方法时，只能说"看情况"。

11.5　多维标度法（MDS）

一方面，PCA试图对保留下来的数据方差进行优化，而另一方面，MDS在降低维度的时候试图尽可能保留样本间的相对距离。当我们有一个高维数据集，并希望获得一个视觉印象的时候，这是非常有用的。

MDS对数据点本身并不关心，相反，它对数据点间的不相似性却很感兴趣，并把这种不相似性解释为距离。因此，MDS算法第一件要做的事情就是，通过距离函数d_0对所有N个k维数据计算距离矩阵。它衡量的是原始特征空间中的距离（大多数时候都是欧氏距离）。

$$\begin{pmatrix} X_{11} \cdots X_{N1} \\ \vdots \ddots \vdots \\ X_{1k} \cdots X_{Nk} \end{pmatrix} \rightarrow \begin{pmatrix} d_0(X_1, X_1) & \cdots & d_0(X_N, X_1) \\ \vdots & \ddots & \vdots \\ d_0(X_1, X_N) & \cdots & d_0(X_N, X_N) \end{pmatrix}$$

现在，MDS试图在低维空间中放置数据点，使得新的距离尽可能与原始空间中的距离相似。由于MDS经常用于数据可视化，所以低维空间的维度大多数时候都是2或3。

让我们看看下面这个在五维空间中包含三个样本的简单数据。其中两个数据非常接近，而另外一个明显不同。我们希望在三维和二维空间中把它们可视化展现出来，如下所示：

```
>>> X = np.c_[np.ones(5), 2 * np.ones(5), 10 * np.ones(5)].T
>>> print(X)
[[  1.   1.   1.   1.   1.]
 [  2.   2.   2.   2.   2.]
 [ 10.  10.  10.  10.  10.]]
```

采用Scikit-learn的`manifold`包中的MDS类，我们先指定要把X转换到一个三维空间中，如下所示：

```
>>> from sklearn import manifold
>>> mds = manifold.MDS(n_components=3)
>>> Xtrans = mds.fit_transform(X)
```

要想在二维空间中可视化，我们需要使用n_components。

在下面这两个图里可以看到结果。三角形点和圆形点比较接近，而星形点则离得很远：

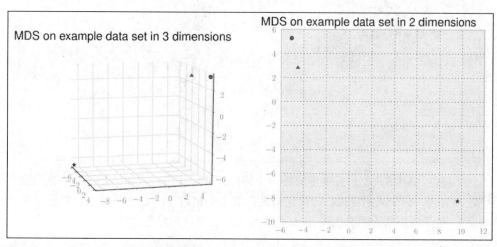

来看一下更复杂一点的Iris数据集。我们之后会用它来对PCA和LDA进行比较。在Iris数据集

里每个花朵都包含4个属性。采用之前的代码，我们可以把它映射到一个三维空间中，同时尽可能保留每个花朵之间的相对距离。在前面那个例子里，我们并没有指定任何距离衡量方法，所以MDS会默认使用欧氏距离。这意味着，根据这4个属性判定的不同花朵，在MDS尺度下的三维空间中也应该相互远离。而相似的花朵应该距离较近，如下图所示：

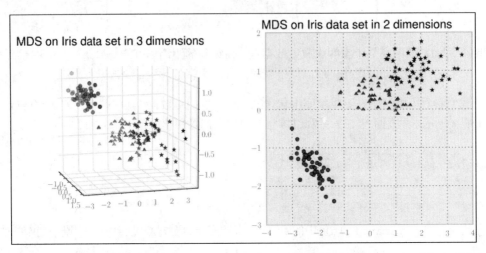

相反，用PCA把维度归约到三维和二维的时候，我们可以看到属于同一类别的花朵，会有更大范围的扩散，如下图所示：

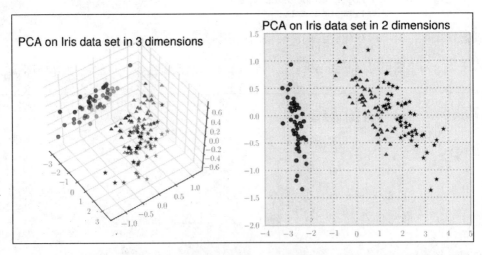

当然，要使用MDS，我们需要理解每一个特征；或许我们所使用的特征并不能用欧式距离进行比较。例如，一个类别变量，即使它被编码为一个整数（0=红色圆圈、1=蓝色星形、3=绿色三角形），也无法用欧氏距离比较。（红色离蓝色的距离比离绿色更近？）

我们了解这个问题之后，就会发现MDS是一个揭示数据相似性的有用工具，这在原始特征空间中很难看到。

　　深入了解MDS后，我们发现它并不是一个算法，而是一类不同的算法，我们只是使用了其中的一个而已。PCA也是如此。如果你发现无论PCA还是MDS都不能解决你的问题，那就要看一下其他流形的学习算法了，可以在Scikit-lean包中找到它们。

11.6　小结

　　在这一章中，我们知道有时可以用特征选择法删减特征。我们还看到，在一些情况下仅仅删减特征还不够，还要使用特征抽取法揭示数据里的真实低维结构，使模型更容易处理。

　　我们只是浅显探讨了现有的大量降维方法。我们仍然希望你可以对这个领域感兴趣，还有很多其他方法等你去发现。最后，特征选择和抽取更像是一门艺术，就跟选择正确学习方法或训练模型一样。

　　下一章将涉及Jug的使用，Jug是一个利用多核或多主机进行计算的小型Python框架。另外，我们还会介绍AWS——亚马逊云。

11

第 12 章

大数据

随着计算机的速度越来越快，内存越来越大，数据的规模也在不断增长。事实上，数据规模增长的速度比计算速度的增长还要快，这意味着它的增长速度超过了我们处理它的能力。

什么是大数据，什么又不是呢？这并不容易说清楚，所以我们采用一个有操作性的定义：当数据大到过于冗长难以处理的时候，我们就把它叫做大数据。在一些领域里，它可能意味着P级别的数据，或者万亿次的交易；数据无法放入一个硬盘里。而在其他情况下，数据量可能只是之前的1%，它只是难以处理而已。

基于从前几章里获得的一些经验，我们首先处理中等数据（不是太大的数据，但也不是太小的数据）。在这里我们将使用一个叫做Jug的程序包，它让我们可以做到以下事情：

- □ 将管道分解为任务；
- □ 缓存（记忆）中间结果；
- □ 利用多核，包括网格中的多台主机。

下一步，就是处理真正的"大数据"；我们将看到如何利用云计算（特别是亚马逊Web服务平台）。我们将使用另一个Python包——starcluster——来管理集群。

12.1 了解大数据

"大数据"并不是指具体的数据量，既不是样本的个数，也不是数据所占用的G字节、T字节或P字节的数量。它的意思是说：

- □ 数据规模比处理它的能力增长得更快；
- □ 过去一些效果不错的方法和技术需要重做，因为它们的扩展能力不行；
- □ 你的算法不能假设所有数据都能载入内存；
- □ 管理数据本身变成了一项主要任务；
- □ 使用计算机集群或者多核处理器是必需品，并不是奢侈品。

本章将会致力于解决这个最后的难题：如何使用多核处理器（在同一台机器上或在不同主机上）加速并组织计算。在其他中等数据规模的任务里，这也是很有用处的。

12.2　用 Jug 程序包把你的处理流程分解成几个任务

通常，我们有一个简单处理流程：先对初始数据进行预处理，计算特征，然后在生成的特征上调用一个机器学习算法。

Jug是一个程序包，它是由Luis Pedro Coelho（本书的作者之一）开发的。它是开源的，适用于很多领域，但它是专为数据分析问题设计的。它能同时解决几个问题，如下所示。

- ❏ 它可以把结果记录在磁盘上（或一个数据库），这意味着，如果你让它计算一些曾经计算过的东西，那它可以直接从磁盘里读取结果。
- ❏ 它可以利用多核处理器，或者甚至一个集群里的多台主机。Jug在批处理计算环境中也工作得非常不错。批处理计算环境就是一个排队系统，如便携式批处理系统（Portable Batch System，PBS）、负载共享系统（Load Sharing Facility，LSF）或Oracle网格引擎（Oracle Grid Engine，OGE，之前叫做Sun网格引擎，即Sun Grid Engine）。本章后面将会用到它，届时我们将构建在线集群并把作业分发给它们。

12.2.1　关于任务

任务是Jug的基本构件。一个任务就是一个函数以及它的参数值，例如：

```
def double(x):
    return 2*x
```

一个任务可以是"用参数值3调用double，另一个任务可以是"用参数642.34调用double"。用Jug，我们可以按如下方式构建任务：

```
from jug import Task
t1 = Task(double, 3)
t2 = Task(double, 642.34)
```

把它保存在一个名为jugfile.py（这是一个正常的Python文件）的文件里。现在，我们运行jug execute来执行任务。它是在命令行下执行的，而不是Python提示符！我们运行的是jug execute，而不是Python的jugfile.py文件（它什么也没做）。

你可以从任务中得到一些反馈（Jug会告诉你，两个名为"double"的任务正在运行）。再次运行jug execute，它会告诉你它并没做什么。它也并不需要做。在这种情况下，我们所得很少。但是如果任务需要花费很长时间来计算，那这个信息就会很有用处。

也许你已经注意到了，一个名为jugfile.jugdata的新目录出现在硬盘上，它包括一些命名怪异的文件。这就是记忆化缓存。如果你把它删除了，那 jug execute 就会再次运行所有任务（两个任务）。

> 　　区分纯函数（仅仅接受输入返回结果）和更一般的函数（可以进行一些操作，如读文件、写文件、获取全局变量、修改参数，或者其他编程语言允许的操作）通常都是有益处的。一些编程语言，如 Haskell，甚至会在语法上区分纯函数和不纯的函数。
>
> 　　使用 Jug，你的任务将不会是完全纯粹的。我们甚至推荐你在任务中读取数据或写下结果。然而，获取和修改全局变量却不会有好结果；这些任务可能是以任意顺序在不同处理器上执行的。不过全局常数是个例外，但它也可能会让记忆系统混淆（如果数值在不同次运行中改变了）。类似的，你也不能修改输入数据。Jug 有一个调试模式（用 jug execute-debug），它会使你的计算变慢，但当你犯这类错误的时候，它会给出有用的错误信息。

前面这些代码可以工作，但它用起来有一些麻烦；你总要重复构造 Task(function, argument)。如果使用一点 Python 中的魔法，我们可以让代码更加自然：

```
from jug import TaskGenerator
from time import sleep

@TaskGenerator
def double(x):
    sleep(4)
    return 2*x

@TaskGenerator
def add(a, b):
    return a + b

@TaskGenerator
def print_final_result(oname, value):
    with open(oname, 'w') as output:
        print >>output, "Final result:", value

y = double(2)
z = double(y)

y2 = double(7)
z2 = double(y2)
print_final_result('output.txt', add(z,z2))
```

除了使用 TaskGenerator，前面这段代码就是标准的 Python 代码。然而，使用 TaskGenerator，它实际上会创建了一系列任务，这样就可以利用多处理器来运行任务了。在后台，修饰器将你的函数转换形式，使得它们实际上并没有被执行，而是创建了一个任务。我们还可以利用"我们能把任务传递给其他任务"这个事实，但这样会导致依赖关系的出现。

你可能已经注意到，我们在前面的代码中加入了一些sleep(4)的调用。它模拟了长时间运算的运行状态。否则，这段代码会执行得很快，没有地方需要使用多处理器。

我们从运行jug status开始：

```
Task name                   Waiting    Ready    Finished    Running
------------------------------------------------------------------
jugfile.add                    1         0          0          0
jugfile.double                 2         2          0          0
jugfile.print_final_result     1         0          0          0
------------------------------------------------------------------
Total:                         4         2          0          0
```

现在我们同时开启两个进程（在后台）：

```
jug execute &
jug execute &
```

我们现在再次运行jug status：

```
Task name                   Waiting    Ready    Finished    Running
------------------------------------------------------------------
jugfile.add                    1         0          0          0
jugfile.double                 2         0          0          2
jugfile.print_final_result     1         0          0          0
------------------------------------------------------------------
Total:                         4         0          0          2
```

我们可以看到，两个初始的double操作正在同时运行。大约8秒之后，整个过程将会结束，运行结果会写入output.txt文件。

顺便说一下，如果执行的文件不是jugfile.py，那么你需要在命令行中明确地指定：

jug execute MYFILE.py

这是不使用jugfile.py这个名字的唯一缺点。

12.2.2 复用部分结果

例如，我们想要加入一个新特征（或者一组特征）。如我们在第10章中所看到的那样，可以通过修改计算代码很容易地达到这个目的。但是，这意味着需要重新计算所有特征。这是一种浪费，特别是在我们希望快速测试新特征和新技术的时候：

```
@TaskGenerator
def new_features(im):
    import mahotas as mh
    im = mh.imread(fname, as_grey=1)
    es = mh.sobel(im, just_filter=1)
    return np.array([np.dot(es.ravel(), es.ravel())])
```

12

```
hfeatures = as_array([hfeature(f) for f in filenames])
efeatures = as_array([new_feature(f) for f in filenames])
features = Task(np.hstack, [hfeatures, efeatures])
 # 学习代码……
```

现在你再运行一次jug execute。新特征将会计算出来，而老特征会从缓存中读取出来。逻辑回归代码也会再运行一次，因为它的结果取决于所有特征，而这些特征现在已经不一样了。

这就是Jug非常强悍的地方；它可以确保在不浪费计算资源的情况下，帮我们获得想要的结果。

12.2.3　幕后的工作原理

Jug是怎样工作的？在最基本的层面上，它非常简单；一个任务就是一个函数加上它的参数。它的参数可能是一些数值，也可能是其他任务。如果一个任务包含另一个任务，那么这两个任务之间就有了依赖关系（在第一个任务得到结果之前，第二个无法运行）。

基于此，Jug对每一个任务都递归地计算一个散列函数。散列值就是对整个计算进行的编码。当你运行jug execute的时候，会有一个小循环，如下面的代码片段所示：

```
for t in alltasks:
    if t.has_not_run() and not backend_has_value(t.hash()):
        value = t.execute()
        save_to_backend(value, key=t.hash())
```

由于加锁机制的问题，真实的循环要比现在复杂得多，但基本理念和前面那段代码所示的一样。

默认的后端会把文件写到磁盘里（在一个名为jugfile.jugdata/的有趣目录里）。我们也可以使用另一个采用了Redis数据库的后端。通过适当的加锁机制，它还允许多个处理器同时执行任务；这些处理器会独立地等待所有任务，并运行尚未被执行的任务，然后把结果写回共享后端。这个过程可以在单机上运行，也可以在多台主机上运行，只要机器可以访问相同的后端。（例如，使用网络磁盘或者Redis数据库。）本章后面，我们将会探讨计算机集群。但现在，让我们先把注意力集中在多核处理器上。

你还可以了解到为什么要记录中间结果。如果某个任务的结果在后端已经有了，那么这个任务就不会再次执行。另一方面，如果你对任务做了改动，即使变动很小（改变了1个参数），那它的散列值也会变化。因此，这个任务会重新计算。此外，所有依赖于它的其他任务，散列值也会相应改变，它们也会重新计算。

12.2.4　用Jug分析数据

Jug是一个通用的框架，但在理想情况下，它适用于中等规模的数据分析。在开发自己的分析流程时，你最好把中间结果保存下来。如果你之前已经做过预处理，而这个步骤只改变了你所计算的特征，那么你肯定不愿意再进行一遍预处理。如果已经计算出了特征，但想要把一些新特征融合进来，那么你也不愿意重新计算一遍其他特征。

Jug是特地为numpy数组而优化过的。所以，无论何时任务返回或接收numpy数组，你都可以利用到这种优化。Jug是这个协同工作的生态系统中的一部分。

现在回顾一下第10章，尤其是其中如何计算图像特征那部分。相信你一定还记得，当时我们读取了图像文件，计算了特征，把特征组合在一起，进行归一化，最后学习了如何创建分类器。接下来，我们重新做一遍，不过，这一次使用的是Jug。这一版的优点在于，我们能够在不重新计算所有原有特征的情况下增加一些新特征。

我们从引入一些程序库开始：

```
from jug import TaskGenerator
```

现在定义一个任务生成器，来计算特征：

```
@TaskGenerator
def hfeatures(fname):
    import mahotas as mh
    import numpy as np
    im = mh.imread(fname, as_grey=1)
    im = mh.stretch(im)
    h = mh.features.haralick(im)
    return np.hstack([h.ptp(0), h.mean(0)])
```

注意，我们在函数里面只引入了numpy和mahotas。这是一个小优化；用这种方式，只有在任务运行的时候模块才会加载。现在我们设置图像文件名，如下所示：

```
filenames = glob('dataset/*.jpg')
```

我们可以把TaskGenerator应用于任何函数，甚至是在那些并非我们所写的函数里，例如numpy.array：

```
import numpy as np
as_array = TaskGenerator(np.array)

# 计算所有特征
features = as_array([hfeature(f) for f in filenames])

# 获取标签数组
labels = map(label_for, f)
res = perform_cross_validation(features, labels)

@TaskGenerator
def write_result(ofname, value):
    with open(ofname, 'w') as out:
        print >>out, "Result is:", value
write_result('output.txt', res)
```

使用Jug的一个很小的不便之处在于，我们必须像前面这个例子那样，把函数的结果输出到文件。这是享受Jug额外方便时的一点小代价。

> 本章并没有涉及Jug的所有特性，但这里有一个总结，是关于我们在正文里没有涉及但非常有意思的一些特性。
>
>
>
> - **jug invalidate**　这个特性是说，一个给定函数里的所有结果，都应当被看作无效结果，需要重新计算。那些依赖于无效结果的下游计算也要重新计算。
> - **jug status -cache**　如果jug status耗费的时间太长，可以用--cache标志对状态进行缓存，使之加速。注意，它并不能检测到jugfile.py的任何改动，但你可以一直使用--cache --clear来删除缓存并重新启动。
> - **jug clearnup**　这个特性会把记忆缓存中的所有额外文件都删掉。这是一个垃圾回收操作。
>
> 还有一些其他的高级特性，例如允许查看jugfile.py里计算过的数值。你可以读一下Jug文档中关于 "barriers" 的使用说明（线上地址 http://jug.rtfd.org）。

12.3　使用亚马逊 Web 服务（AWS）

当你有很多数据、需要进行很多计算的时候，你可能会开始渴求更多的计算资源。亚马逊（aws.amazon.com）允许你按小时租用计算资源。因此，你可以访问到大量的计算资源，而不需要预先购买大量机器（包括管理基础设施的费用）。在这个市场里还有其他的竞争者，但亚马逊是最大的玩家，所以我们在这里简要介绍一下。

亚马逊Web服务（Amazon Web Services，AWS）是一组庞大的服务。我们只关注其中的Elastic Compute Cluster（EC2）服务。这个服务提供给你虚拟机和磁盘空间，它们可以很快被分配和释放。

它一共有三种使用模式：保留模式，你可以预先支付，来获得更廉价的按小时的访问；每小时固定率；根据整体计算市场（需求少的时候，费用也低，但需求多的时候，价钱就会提高）提供变化的比率。

如果想测试的话，你可以在免费层级（free tier）中使用一台机器。它允许你试验一下这个系统，熟悉一下接口，等等。然而，这是一台CPU非常慢的机器。所以，我们并不建议用它进行过多的计算。

在整体系统的上层，有几种类型的机器，它们的费用不同；从单核到多核大内存系统，或者甚至是图形处理单元（Graphical Processing Unit，GPU）。我们之后会看到，你可以得到几台比较廉价的机器，并构建你自己的虚拟集群。你还可以选择Linux或是Windows服务器，其中Linux会便宜一点。在本章里，我们是在Linux上运行我们的例子的，但多数东西在Windows机器上也可以使用。

这些资源可以通过Web界面来进行管理。但也可以在程序中通过脚本来分配虚拟机，设置磁盘，以及所有Web界面所能做的操作。事实上，在Web界面频繁变化的同时（本书里显示的一些图表在本书出版的时候可能已经过时了），编程接口更为稳定。由于服务的引入，整体构架也保持着稳定。

通过传统的用户名/密码就可以访问AWS服务，尽管亚马逊把用户名叫做公钥，把密码叫做私钥。这样做是为了使访问Web接口的用户名和密码分开。事实上，你可以生成很多公/私钥对，并给予它们不同的权限。对于比较大的团队来说（一个能访问所有Web界面的高级用户可以为权限较少的开发者创建密钥），这样做是有益处的。

亚马逊区域

Amazon.com有几个区域。它们与世界的物理区域相对应：美国西海岸、一些亚洲地点、南美区，以及欧洲区。如果你想迁移数据，最好使迁移的出发地和目的地比较靠近。此外，如果你正在处理用户的信息，并且要迁移到另一个管辖区去，那就可能会出现监管问题。在这种情况下，一定要让一个知情律师对欧洲客户数据迁移到美国的影响进行检查；反之亦然。

亚马逊Web服务是一个非常宏大的课题，市面上有各种可以涵盖AWS全部内容的书。本章只是要给你一个整体印象，告诉你AWS有什么，能做什么。基于本书的实践精神，我们先看一些例子，但我们不会穷尽所有可能。

12.3.1 构建你的第一台机器

第一步是到http://aws.amazon.com/创建一个账号，这里的步骤跟其他在线服务类似。如果你想要的是比一台低端机器更好的机器，那你需要一张信用卡。在这个例子里，我们会使用一些机器，如果你想在上面运行程序的话，可能要花费一些钱。如果你还没准备掏出信用卡，那应该先阅读本章，了解一下AWS可以提供什么服务。然后，你可以做出更明智的选择，决定是否要进行注册。

一旦注册了AWS并登录，你会看到它的控制台。在这里，你可以看到AWS提供的多种服务：

12

我们选择并点击EC2（最左列的第二项，在本书撰写之时，界面是这样显示的；亚马逊经常会进行小修小改，所以你看到的可能有些不同）。我们现在看看EC2的管理控制台，如下图所示：

在右上角，你可以选择你的区域（见美国区域信息框）。注意，你只能看到所选区域的信息。因此，如果选择了错误的区域（或者在不同区域都有机器在运行），这些内容可能不会出现（在同其他程序员的聊天中得知，这似乎是使用EC2 Web管理控制台的一个常见陷阱）。

用EC2的说法，一个正在运行的服务器叫做一个实例（instance）。所以现在，我们要选择Launch Instance。现在，遵循典型惯例。选择Amazon Linux选项（如果你熟悉下列Linux发行版

本之一，如Red Hat、SuSe或Ubuntu，可以选择其中之一，但配置将会有些不同）。我们从T1.micro
类型的一个实例开始。这是最小的机器，并且是免费的。接受所有默认选项，直到进入下面这个
输入密钥对后出现的界面：

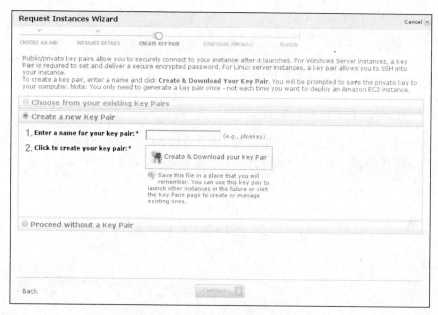

我们选择名字awskeys作为密钥对。然后点击Create & Download your Key Pair按钮，下载
awskeys.pem文件。这是Secure Sheel（SSH），将使你可以登录云机器。要把文件保存在安全的
地方！接受完剩下的默认选项，你的实例就启动了。

现在你需要等待一小会儿，等实例出现。最终，这个实例会用绿色显示，状态为"运行中"。
右击并选择Connect选项，你会知道如何连接。下面是一个标准SSH命令：

```
ssh -i awskeys.pem ec2-user@ec2-54-244-194-143.us-west-2.compute.
amazonaws.com
```

因此，我们会调用ssh命令，并把之前下载的密钥文件传进去，作为身份信息（用-i选项）。
我们会以用户ec2-user来登录地址为ec2-54-244-194-143.us-west-2.conompute.
amazonaws.com的机器。当然，这个地址跟你的不同。如果在实例中选择另一个版本，用户名
也会改变。不管怎样，Web界面会给你正确的信息。

最后，如果是在一个Unix风格的操作系统上（包括Mac OS）运行，你需要通过下面的代码
调整它的权限：

```
chmod 600 awskeys.pem
```

这个命令会给当前用户设置读/写权限。否则，SSH会给你一个令人厌恶的警告。

现在，你应该可以登录主机了。如果一切顺利，你会看到下面的标语：

```
 _|  _|_  )     Amazon Linux AMI
 _|\___|___|
https://aws.amazon.com/amazon-linux-ami/2013.03-release-notes/
There are 1 security update(s) out of 3 total update(s) available
Run "sudo yum update" to apply all updates.
```

这是一个常规的Linux框，你拥有sudo权限；如果在前面加上sudo，你就可以像高级用户那样运行任何命令。你可以运行更新（update）命令让机器加速。

1. 在亚马逊Linux上安装Python包

如果你要使用另一个分发版本，可以用另一个分发版本的知识来安装Python、NumPy或者其他。在这里，我们采用的是标准亚马逊分发版本。从安装几个基本的Python包开始，如下所示：

```
sudo yum -y install python-devel python-dev python-pip numpy scipy
python-matplotlib
```

要对mahotas进行编译，还需要一个C++编译器：

```
sudo yum -y install gcc-c++
```

在这个系统里，pip被安装成python-pip。为方便起见，我们用pip来更新它自己。然后我们用pip安装必要的程序包：

```
sudo pip-python install -U pip
sudo pip install scikit-learn jug mahotas
```

在这里，你可以像使用pip那样安装任何其他程序包。

2. 在我们的云主机上运行Jug

现在，我们可以去下载第10章里的数据和代码了。如下所示：

```
wget FIXME-LET'S-BUILD-A-TAR-GZ-PACKAGE
tar xzf chapter10.tar.gz
cd chapter10
```

然后，进行如下操作：

```
jug execute
```

它工作得还可以，但我们需要等很长时间才能得到结果。我们的免费级机器（t1.micro类型）是单核的，不是很快。所以我们要升级机器。

我们回到EC2控制台，在运行实例上右击，会出现一个弹窗。我们需要先停掉这个实例。在虚拟机上停止一个实例的运行就如同把它的电源关掉。你可以在任何时候停止你的机器。这时，你不再为它们承担费用（你仍然在使用磁盘空间，这也是有代价的，会分开计算费用）。

一旦你的机器停止了，change instance type选项就会出现。你可以选择一个更强有力的实例，例如，一个c1.xlarge实例，它是8核的。这个机器仍然处于关闭状态，你需要重新打开它（这跟重启机器是一样的）。

 AWS提供了几种价钱不同的实例类型。由于引入了更强有力的选项，信息经常会不断修正，同时价格也会发生变化，所以在本书里我们没法给你很多具体细节（一般来说会变得更便宜）；然而，你可以在亚马逊的网站上找到最新的信息。

我们需要等待实例再次出现。一旦它出来了，右击Connect获得连接信息。几乎可以肯定，链接信息已经改变了。在你更改实例类型的时候，你的实例会获得一个新分配的地址。

 你可以用亚马逊的Elastic IPs功能给实例分配一个固定IP。你可以在EC2控制台的左边看到这个选项。

通过使用8核机器，你可以同时运行8个jug进程，如下面这些代码所示：

```
jug execute &
jug execute &
    (repeat to get 8 jobs going)
```

用jug status可以查看到8个作业是否在运行。完成作业之后（现在应该很快就可以实现），你可以停止机器，并再次降级为t1.micro实例，以节省花销；微型实例是免费的，而这个特大号的机器的价钱是每小时0.58美元（这是2013年4月的价钱——到AWS网站上可以看到最新信息）。

12.3.2 用starcluster自动创建集群

正像你所了解到的，我们可以通过Web界面创建机器，但你很快就会发现，这个操作单调枯燥，而且容易出错。幸运的是，亚马逊有一个API。你可以写脚本自动执行之前讨论过的所有操作。更好的是，其他人已经开发了一些工具。你用AWS要进行的很多过程都可以用这些工具自动化执行。

MIT的一个团队正好开发了这样一个工具，叫做starcluster。它恰好是一个Python包，所以你可以用Python工具把它安装上。

```
sudo pip install starcluster
```

你可以在亚马逊主机上，或你的本地机器上运行这个代码。这两种方式都行。

我们需要指定我们的集群是什么样的。通过编辑配置文件即可实现。下面的代码生成了一个模板配置文件：

```
starcluster help
```

12

　　然后，我们选择选项在-/.starcluster/config中生成配置文件。做完之后，我们就可以手动编辑这个文件。

不同的密钥

　　在使用AWS的时候，有三种密钥。

  □ 标准用户名/密码组合，用于登录网站。
  □ SSH密钥系统，它是一个用文件实现的公/私钥系统；通过你的公钥，可以登录远程主机。
  □ AWS访问钥/密钥系统，这只是某种形式的用户名/密码。它允许你在同一个账户下拥有多个用户（包括为每个用户添加不同权限，但本书里不会涵盖这部分高级特性）。

　　要想查看访问/私钥，我们回到AWS控制台，在右上角点击我们的名字；然后选择Security Credentials。现在，屏幕的下方应该会出现形如AAKIIT7HHF6IUSN3OCAA的访问钥，本章将以它为例。

　　现在编辑配置文件。这是一个标准的.ini文件：一个文本文件，每个部分以方括号和它们的名字开始。选项的格式是name=value。第一部分是aws info，你应该把你的密钥粘贴过来：

```
[aws info]
AWS_ACCESS_KEY_ID = AAKIIT7HHF6IUSN3OCAA
AWS_SECRET_ACCESS_KEY = <your secret key>
```

　　现在来到一个有趣的部分：定义一个集群。starcluster允许你定义任意多个不同的集群。文件的开始有一个叫做smallcluster的集群。它在cluster smallcluster部分里定义。把它编辑为：

```
[cluster mycluster]
KEYNAME = mykey
CLUSTER_SIZE = 16
```

　　它把节点个数从默认的2改为16。我们还可以指定每个节点的实例类型和初始映像（记住，映像是指你使用的是什么操作系统，安装了什么软件）。starcluster有一些预设的映像，但你也可以构建自己的映像。

　　我们需要创建一个新的ssh密钥，如下所示：

```
starcluster createkey mykey -o .ssh/mykey.rsa
```

　　现在我们已经配置了一个16节点的集群，并设置了密钥。让我们尝试一下。

```
starcluster start mycluster
```

这个操作可能需要几分钟，因为它要分配17台新机器。为什么是17台机器，而我们的集群只有16个节点？这是因为会有一个主节点。所有这些节点都使用同一个文件系统，所以在主节点上创建的任何东西，也可以在从属节点上看到。这也意味着我们可以在这些集群上应用Jug。

这些集群可以按照你想要的方式进行使用，但它们都预装了一个作业队列引擎，这种方式对于批处理作业比较理想。它的使用过程很简单。

(1) 登录主节点。

(2) 在主节点上准备好你的脚本（更好的方式是，在之前就把脚本准备好）。

(3) 把作业提交到队列。一个作业可以是任何一个Unix命令。调度程序会寻找空闲节点来运行你的作业。

(4) 等待作业结束。

(5) 从主节点上读取结果。你现在还可以杀掉所有从属节点，以节约费用。在任何时候都不要忘记你的系统的运行是长期的。否则，这会花费很大（意思是美元和美分）。

我们可以用一个命令登录到主节点上：

```
starcluster sshmaster mycluster
```

我们也可以看到我们之前用ssh命令生成的机器地址，但在使用前面那个命令的时候，地址是什么并不重要，因为starcluster已经在背后把这些都处理好了。

正如我们前面所说的，starcluster为集群提供了一个批处理排队系统；你可以写脚本执行你的操作，把作业放在队列里，这些作业就会在空闲节点上运行。

在这一点上，你需要在集群上重复安装必要的程序包。如果这是一个真实项目，我们可以创建一个脚本来执行所有这些初始化工作，但由于这是一个教程，你只需要再初始化一次。

我们可以像以前一样使用相同的jugfile.py系统，但现在，我们会在集群中进行调度，而不是直接在主节点上运行。首先，写一个很简单的脚本：

```
#!/usr/bin/env bash
jug execute jugfile.py
```

用run-jugfile.sh调用它，并用chmod +x run-jugfile.sh赋予它可执行权限：

```
For c in 'seq 16'; do qsub run-jugfile.sh; done
```

这会创建16个任务，每个都会运行run-jugfile.sh脚本调用Jug。你仍然可以使用主节点。需要特别强调的是，你可以在任何时候运行jug status查看计算状态。事实上，Jug就是在这种环境下开发出来的，所以它在这个环境下工作得很好。

最后，计算结束，可以把所有节点都删掉了。但我们一定要把预期的结果保存在某个地方，并执行下述命令：

12

```
starcluster terminate mycluster
```

注意，终止操作将会销毁文件系统中的内容以及所有运行结果。当然，这个默认设置是可以更改的。你可以让集群把结果写在一个不是由starcluster分配并销毁的而你又可以访问的文件系统里。事实上，这些工具的灵活性非常大。不过这些高级操作并不适合在本章里展开。

starcluster有一个优秀的在线文档，见http://star.mit.edu/cluster/，你可以读到关于这个工具的更多信息。我们在这里只看到了一小部分功能，只使用了默认的设置。

12.4　小结

我们看到了如何使用Jug——一个小型Python框架——来管理那些利用了多核或多主机的计算。尽管这个框架是通用的，但它是特地为解决其作者（也是本书作者之一）的数据分析需求而构建的。因此，它有一些方面很适合Python机器学习环境。

我们还学习了AWS——亚马逊云。使用云计算通常会比构建内部计算环境能更有效地利用资源。如果需求不是固定的而是变化的，那更是如此。starcluster甚至允许集群在你开启更多作业的时候自动扩展，在它们终止的时候收缩。

这是本书的结尾，我们已经走了很长一段路。我们了解到当有标注数据的时候如何进行分类，以及当没有的时候如何进行聚类。我们学习了关于降维和主题模型的知识，它们对大规模数据集是有意义的。在本书的最后几章，我们看了一些具体应用，例如音乐体裁分类和计算机视觉。对于实现，我们主要依赖于Python。这个语言拥有一个建立在NumPy之上的，不断增长的数值计算程序包扩展生态系统。在任何可能的时候，我们都会使用Scikit-learn，但也会在必要的时候使用其他程序包。基于它们都使用相同基础数据结构的事实，我们可以无缝混合来自于不同包的功能。所有在本书里使用的程序包都是开源的，可以用于任何项目。

自然，我们无法涵盖机器学习的所有话题。所以，在附录里，我们提供了一系列精选资源，帮助读者学习更多机器学习方面的知识。

附录 A

更多机器学习知识

在本书的最后，我们花一点时间看看其他对读者有用的知识。

要学习更多关于机器学习的知识，还有很多优秀资源（太多了，没法在这里涵盖所有）可供参考。我们的列表只代表其中一小部分抽样有偏差的资源，这些资源在本书撰写时我们认为是最好的。

A.1　在线资源

Andrew Ng是斯坦福大学的一位教授，他开办了一个机器学习在线课程，叫做大规模在线开放课堂（Massive Open Online Course，MOOC），网址是Coursera（http://www.coursera.org）。它是免费的，但你需要投入大量时间和精力（投资回报率绝对有保证！）。

A.2　参考书

本书着重于机器学习实践。我们没有介绍算法或理论背后的思考方法。如果你对机器学习这部分内容感兴趣，我们推荐*Pattern Recognition and Machine Learning*（Christopher M. Bishop，Springer）。这是这个领域内一个经典的介绍性课本，它会带你了解本书所使用的大多数算法的本质。

如果你想超越介绍性质的内容，学习一下数学细节，那么*Machine Learning: A Probabilistic Perspective*（K. Murphy，The MIT Press）是一个很好的选择。它内容新颖（出版于2012年），包含了ML研究的前沿内容，约有1000页。你还可以把它当做一本参考书，因为它几乎涵盖了机器学习方方面面的知识。

A.2.1　问答网站

下面是两个有关机器学习的问答网站：

❑ **MetaOptimize**（http://metaoptimize.com/qa）是一个机器学习问答网站，有很多知识渊博

的研究者和实践者在里面互动讨论；

☐ Cross Validated（http://stats.stackexchange.com）是一个通用统计学问答网站，通常也会涉及机器学习方面的问题。

正如本书开头所提到的那样，如果你对本书的某个部分有疑问，可以随时登录TwoToReal（http://www.twotoreal.com）进行提问。我们会尽快帮你解答。

A.2.2　博客

下面是一个明显不够全面，但会让机器学习从业人员感兴趣的博客列表。

☐ 机器学习理论，http://hunch.net

■ 这是John Langford的博客（他是Vowpal Wabbit——http://hunch.net/~vw/——背后的主导者），访客也可以发帖；

■ 平均速率大约是每月一帖。帖子的内容比较理论化。提供了脑筋急转弯式的附加价值。

☐ 文本与数据挖掘实用方法，http://textanddatamining.blogspot.de

■ 平均速率是每月一帖，非常实用，总会有一些让人感到惊奇的方法。

☐ Edwin Chen的博客，http://blog.echen.me

■ 平均速率是每月一帖，提供了一些更实用的话题。

☐ 机器学习，http://www.machinedlearnings.com

■ 平均速率每月一帖，提供了一些更实用的话题，通常围绕大数据学习。

☐ FlowingData，http://flowingdata.com

■ 平均速率每天一帖，主要是解决一些统计学问题。

☐ Normal deviate，http://normaldeviate.wordpress.com

■ 平均速率是每月一帖，主要是对实际问题理论方面的讨论。尽管这个博客的内容更多是关于统计学的，但帖子经常会跟机器学习相关。

☐ 简单统计，http://simplystatistics.org

■ 每月都会发表一些帖子，专注于统计学和大数据。

☐ 统计学建模，因果推理和社会科学，http://andrewgelman.com

■ 每天一帖，当作者用统计学原理指出流行媒体的缺点的时候，很有趣味。

A.2.3 数据资源

如果你想试验一下算法，可以从加州大学欧文分校（UCI）的机器学习知识库（Machine Learning Repository）获取到很多数据集。你可以在http://archive.ics.uci.edu/ml找到它。

A.2.4 竞争日益加剧

一个学习机器学习的好方法就是进行比赛。Kaggle（http://www.kaggle.com）是一个进行ML竞赛的集市，在介绍部分我们已经提过它了。在这个网站里，你可以找到一些不同类型的竞赛，通常还会有奖金。

这种有监督学习竞赛几乎都是采用如下方式：

- ❑ 你（任何其他参与者）可以访问带标签的训练数据和测试数据（没有标签）；
- ❑ 你的任务是把对测试数据的预测提交上去；
- ❑ 竞赛结束之后，得到最高正确率的人获胜。获得的奖品从荣誉到现金都有。

当然，赢得奖品固然不错，即使没赢得，仅仅参与一下也不错，也可以积累很多有用的经验。所以，敬请期待，特别是在竞赛结束之后，参与者们还会在论坛里分享他们的方法。在大多数时间里，赢得胜利并不是因为开发出了一个新算法；它往往在于巧妙地预处理、归一化，以及组合现有方法。

A.3 还剩下什么

我们并没有涵盖Python中每一个机器学习程序包。由于空间有限，我们选择专注于scikit-learn。然而，这里还有其他选项，我们列出了一些。

- ❑ 数据处理模块化工具箱（Modular toolkit for Data Processing，MDP），见http://mdp-toolkit.sourceforge.net。
- ❑ Pybrain，见http://pybrain.org。
- ❑ 机器学习工具箱（MILK），见http://luispedro.org/software/milk：
  - 这个工具包是由本书的一个作者开发出来的，它涵盖了一些未包含在scikit-learn中的算法和技术。

一个更普遍的资源是http://mloss.org，这是一个开源机器学习软件知识库。就像经常发生在其他知识库的情况一样，这些软件的质量差异很大，有很优秀的，不断维护的软件，也有一次性的项目，还有被废弃的软件。所以值得检查一下你的问题是不是非常具体，有没有更通用的软件包来解决这个问题。

A.4　小结

现在真要到结束的时候了。希望你能喜欢本书，并已做好准备开始机器学习之旅。

我们还希望，你已经学到了周密测试你的方法的重要性，特别是要使用正确的交叉验证方法，以及不要给出训练集上的测试结果，因为它是对真实效果的过高估计。

索　引

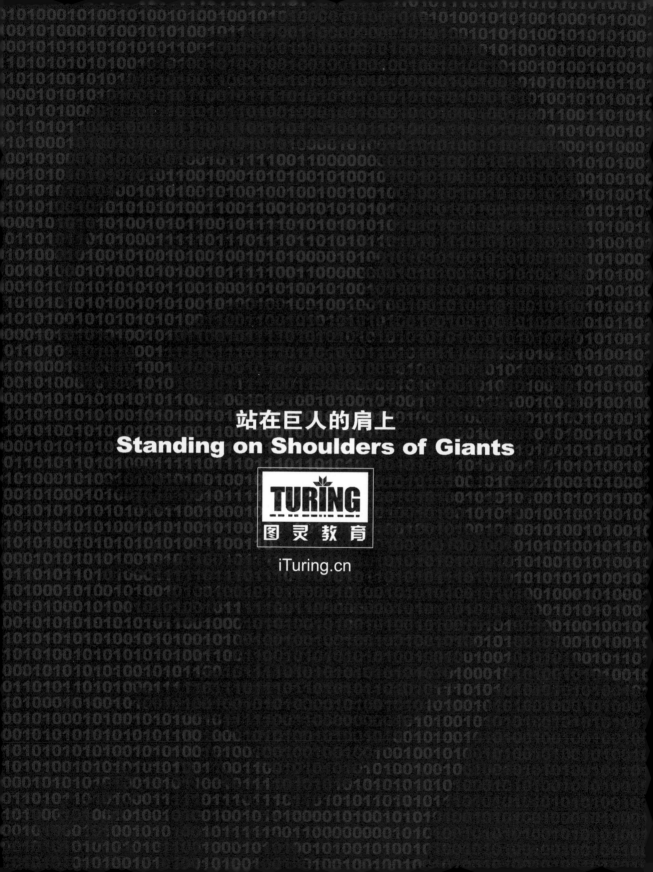

站在巨人的肩上
Standing on Shoulders of Giants

TURING
图灵教育

iTuring.cn

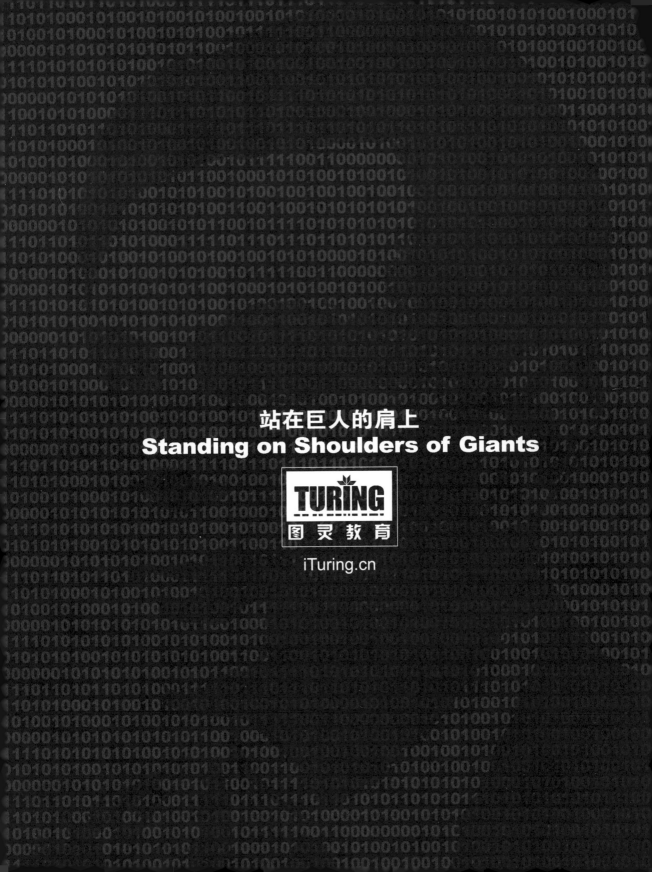

站在巨人的肩上
Standing on Shoulders of Giants

iTuring.cn